숨 쉬는 것들은 어떻게든 진화한다

숨 쉬는 것들은 어떻게든 진화한다

마들렌 치게 지음 | 배명자 옮김

변화 가득한
오늘을 살아내는
자연 생태의
힘

Die unglaubliche Kraft der Natur
von Dr. Madlen Ziege

흐름출판

일러두기

– 이 책에 등장하는 생물명은 다음 원칙을 따라 표기했다. (1) 일반에 두루 알려진 명칭
에 따르고, 혼란이 있을 경우 표준 목록의 표기에 따른다. (2) 한국어 명칭이 정해지지
않은 경우 라틴어 학명을 음차한다.

– 표준 목록의 출처는 다음과 같다. 환경부 국립생물자원관(nibr.go.kr)의 '국가생물종목
록', 환경부 국립생태원 한국외래생물정보시스템(kias.nie.re.kr) 제공 '외래생물 검색',
국립수목원 국가생물종지식정보시스템(nature.go.kr) '국가표준식물/곤충목록'.

토끼 딜레마

방금 닦은 유리창에 떨어진 새똥처럼 스트레스가 내 삶을 망친 적이 있다. 모든 일이 다 잘될 것만 같았는데, 그러지 못했다. 2010년에 나는 의욕이 하늘을 찌르는 젊은 생물학자로서 석사학위를 마치고 박사학위를 받기 위해 베를린을 떠나 프랑크푸르트로 갔다. 프랑크푸르트에 사는 도시토끼를 연구할 생각이었다. 일명 굴토끼라고도 하는 유럽토끼Oryctolagus cuniculus가 마인강의 거대도시 프랑크푸르트에서 그야말로 우후죽순처럼 불어났다. 토끼들의 '다운타운'은 확실히 그들이 행복하게 사는 데 필요한 모든 것을 갖춘 듯 보였다. 게다가 프랑크푸르트는 여전히 녹지에서 야생토끼가 뛰어다니는 몇 안 되는 도시 중 하나였고, 특히 도시 생태를 연구하기에 좋은 환경이었다. 그러나 단 4년 만에 나는 의욕과 젊은 패기를 모두 소진했다. 신체적으로나 정신적으로 완전히 무너졌다. 야생토끼가 프랑크푸르트 녹지에서 만족스럽게 우적우적 풀을 씹는 모습만 봐도 좌절과 부러움과 분노가 치밀었다. **야생토끼는 저렇게 여기서 행복하게 잘 지내는데, 도대체 왜 나는 그러지 못할까?**

수년 전부터 유럽토끼가 프랑크푸르트 도심에 서식하기 시작했다.

서장

프랑크푸르트에 토끼가 나타났다

KO 펀치를 날린 도시

"건강은 돈이 아니라 삶의 변화로 얻는 것이다."

— 제바스티안 크나이프

모든 것이 빠르게 진행되었다. 단 1년 만에 나는 '박사 지망생'에서 '조교'로 신분이 바뀌었다. 연구 자금을 마련하려고 프랑크푸르트대학교 대학원에서 '잡일꾼'으로 일하기도 했다. 그러는 사이 박사학위에 품은 내 자부심은 뜨거운 프라이팬 속 버터처럼 스르륵 녹아내렸다. 내 논문을 위해 색인을 작성하고 그 상관관계를 파악하고 싶은 마음이 간절하건만, 나는 복사하고 클립을 끼우는 데 허덕이며 좌절의 시간을 보냈다. 그리고 첫 번째 부업에 이어 두 번째 부업이 추가

○

되었다. 앞으로 보나 뒤로 보나 돈이 부족했기 때문이다. 프랑크푸르트가 나와 맞지 않는다는 기분이 끈질기게 따라다니지만 않았더라도, 나는 이 모든 상황을 꿋꿋이 이겨낼 수 있었을 테다.

순전히 시각적으로 벌써 나와 이 장소는 서로 맞지 않았다. 흑백 정장 차림의 금융인으로 가득한 단색의 대도시가 내 눈에는 무척 형식적이고 엄격해 보였다. 하물며 나는 형식적이고 엄격한 것과는 거리가 아주 멀었다. 보라색 코트에 빨간색 바지를 입고 파란색 운동화를 신은 내 차림새는 프랑크푸르트에서 마치 백로 사이에 끼어든 극락조처럼 눈에 띄었다. 그럴 때마다 진열대에 전시된 음식물이 된 듯, 내게 꽂히는 시선을 느껴야 했다. 내 사랑 베를린에서는 누구도 내 패션 취향에 관심을 두지 않았다. 거기서는 알록달록한 새가 주류였다. **프랑크푸르트에서 겪은 그 모든 것은 그저 나만의 느낌이었을 뿐일까, 아니면 정말로 사람마다 자기에게 맞는 도시가 따로 있는 걸까?**

도시 고유의 논리

나에게 맞지 않는 장소에 와 있다는 기분에다 엎친 데 덮친 격으로 박사과정 2년 차에 스트레스 증상이 나타나, 결국 나는 신경쇠약으로 쓰러졌다. 압박감이 극에 달했고 늘 시간이 촉박했다. 왼쪽 눈이 떨리기 시작하더니 머리카락이 빠졌고 불면증까지 왔다. 나는 그리고도 박사학위에 이 정도 스트레스는 기본이라며 나 자신을 다독였다. 강인한 자만이 낙원에 들어갈 수 있다고 말하면서.

도움이 될까 싶어 긴장 해소 프로그램과 시간 관리 강좌를 있는 대로 다 수강했다. 퇴근한 뒤에는 달리기, 수영, 춤으로 스트레스를 풀었다. 일주일에 세 번씩 요가 수업에도 나가 작은 매트에 앉아 호흡을 가다듬었다.

하지만 죄다 잠깐만 도움이 될 뿐이었다. 다음날이면 스트레스가 다시 나타나 조롱하듯 싱긋 웃으며 내게 가운뎃손가락을 올려 보였다. 나는 더 과감한 조치에 나섰다. 선불교 수도원에서 일주일 동안 묵언 수행하며 벽만 노려보았다. 세 시간짜리 아유르베다 테라피에서 온몸에 기름을 바르고 땀을 흘리며 노폐물을 배출했다. 인간 문명과 멀리 떨어진 곳에서 일주일 동안 아로니아 열매도 정성껏 수확했다. 그러나 프랑크푸르트의 일상으로 돌아오기만 하면 평온과 여유가 싹 달아났다. 호흡곤란, 두통, 박탈감을 다스린다는 긴장 완화제는 문제의 뿌리에 가닿지 못했다. 게다가 스트레스 자체에 겁이 났다. '여유를 가져야 해!' 이 문장이 온통 머릿속을 맴돌았다. 하지만 현실은 전혀 여유롭지 않았기에 이런 생각은 나를 더욱 압박했다. 내게 스트레스는 모기에게 엉덩이를 물린 꼴이나 마찬가지였다. 볼 수는 없지만 느낄 수 있었고, 가려울 때마다 잠깐씩 긁어주며 달랠수록 오히려 더 심하게 가려웠다. 악순환이었다.

사흘째 한숨도 못 잤을 때, 나는 박사과정 학생을 위한 심리상담소에 도움을 요청했다. 상담사가 내게 이런저런 질문을 했다. 왜 박사가 되려고 하는가. 내 미래가 어떨 것 같은가. 건강은 내게 어떤 의미가 있는가……. 진이 쏙 빠졌다. 그냥 내가 뭘 해야 하는지 말해

줄 수는 없었을까? 나는 내 무기력이 정말 부끄러웠다. 내가 그동안 숫제 잘못된 방향으로 달린 거라면 어쩌지? 내 감정이 시키는 대로 빨리 프랑크푸르트를 떠나야 했을까? 그렇게 노력을 다하고도 끝내 실패한다는 상상은 내게 악몽이었다. 박사학위를 위해 그토록 많은 시간과 에너지를 쏟아부었는데 포기라니, 있을 수 없는 일이었다. 실패는 치욕이었다.

우선순위를 정하고 에너지를 오만 가지 일에 분산하지 말라는 조언을 심리상담사에게 듣고 나는 즉시 행동에 옮겼다. 두 번째 부업이 환경보호를 홍보하는 일이었는데, 그만두었다. 부족한 생활비는 신용카드로 메웠다. 그러나 이 결정은 내 스트레스 증상에 별다른 영향을 미치지 않았다. 아무래도 내 문제는 업무 과중과 직접 관련은 없는 모양이었다. 상황이 더 나빠졌기 때문이다.

그러는 사이 박사과정 4년 차가 되었다. 도시 북쪽 외곽에 있는 캠퍼스까지 가는 40분 길이 견딜 수 없이 힘들었다. 아침에 버스와 지하철을 타는 게 죽기보다 싫었다. 나는 그냥 일만 했다. 마비된 것처럼 아무 감각이 없었다. 프랑크푸르트가 싫었다. 그렇게 스트레스에 시달리며 무기력하고 우울하게 점점 더 깊이 가라앉았다. 내가 거의 아무것도 할 수 없는 상태임을 아무도 눈치채지 않기만을 바랐다.

대재앙은 2013년 10월 11일에 닥쳤다. 금요일이었다. 구원의 주말을 보내기 위해 책상 위 서류 더미를 모두 해치울 작정이었다. 그러나 컴퓨터를 켜는 일조차 해내지 못했다. 마비된 사람처럼 모니터만 노려보았다. 지금 내게 무슨 일이 일어난 걸까? 이내 눈물이 쏟아졌다. 숨이 가빴고 어지러울 만큼 격렬하게 울음이 터졌다. 사무실에는 나 혼자뿐이었다. 몇 주 전에 헤어진 남자친구에게 전화를 걸었다. 펑펑 울며 얘기한 탓에 그는 내 말을 거의 알아듣지 못했다. 나는 과다호흡 상태였고, 눈앞이 캄캄해졌다.

몇 분 정도 기절했었나 보다. 다시 정신을 차렸을 때 내 손에는 여전히 전화기가 들려 있었다. 세상에! 방금 뭐였지? 그렇게 이상한 일은 처음 겪어보았다. 몇 시간이 지나도록 혼란스러웠다.

심리상담사에게 전화를 걸어 이 일을 설명했다. 스트레스를 줄이려고 갖은 노력을 다했는데 난 어째서 쓰러진 걸까? 상담사는 이렇다 할 답변을 주지 못했다. 사람은 다 제각각이고 저마다 다르게 환경에 반응한다나 뭐라나. 그래서 뭐 어쩌라고! 그렇게 영원히 실패자로 낙인찍힌 기분이었다. 종착역, 프랑크푸르트.

좌절에 빠져 한 달 휴가를 냈고, 나의 옛 고향 베를린에서 지내기로 했다. 그랬더니 놀랍게도 기차가 프랑크푸르트를 떠나는 순간, 깊은 안도감이 들었다. 베를린에서는 모든 증상이 감쪽같이 사라졌고, 나는 퍽 잘 지냈다. 어떻게 이럴 수 있을까? 그 경험들이 그저 내 착각이었을 뿐일까?

나는 다른 사람들도 비슷한 경험을 했는지 궁금해서 조사를 해보았다. 도시가 정말로 사람을 기절하게 만들 수 있을까? 몇몇 동료들 말을 들어보니, 그들도 프랑크푸르트가 1지망 거주지는 아니었다. 다들 박사학위나 파트너 때문에 어쩔 수 없이 베를린, 라이프치히, 함부르크 등을 떠나 프랑크푸르트로 온 사람들이었다. 하지만 그

○

중에 나만큼 이 도시를 혐오하는 이는 없었다.

여러 블로그의 글과 기사를 읽고 나서야 명확히 알 수 있었다. 나만 그런 게 아니라는 걸. 자신과 맞지 않는 도시에 살며 끔찍하게 힘들어하는 나 같은 사람이 아주 많았다. 슬픈 얼굴로 힘없이 터덜터덜 걸으며 다른 장소를 꿈꾸는 사람들. 누군가는 함부르크가 안 맞고, 누군가는 베를린이나 도르트문트가 안 맞는다. '잘못된 장소에 와 있는 기분'은 나 혼자만 겪는 현상이 아니다. 수많은 사람이 그런 기분에 시달린다.

헬무트 베르킹 교수와 마르티나 뢰브 교수가 제안한 '도시 고유의 논리Eigenlogik der Städte'가 한 가지 설명이 될 수 있다. 이 이론에 따르면 모든 도시는 고유한 특성과 '향'이 있는데, 이런 특성은 도시의 역사 속에서 형성된다. 그래서 인간관계와 비슷하게 자신과 더 잘 맞는 도시가 따로 있다.

내가 보기에 그렇게 놀라운 이론은 아니다. 자연에서도 생명체와 환경이 서로 영향을 주고받기 때문이다. 모든 것은 연결되어 있고, 에너지가 순환하는 과정에서 끊임없이 에너지를 교환한다.

내가 극심한 스트레스를 받은 이유가 프랑크푸르트와 내가 서로 맞지 않기 때문이라는 생각이 차차 강해졌다. 내가 여기서 잘 지내지 못한다는 사실에 더욱 주의를 기울여야 했는데, 그러지 못해서 후회스러웠다. 내 스트레스 증상은 연료가 부족하거나 오일을 교체해야 할 때 자동차에서 그러듯이 아마도 내 몸이 계속 깜박였던 경고등이었으리라. 프랑크푸르트가 내게 맞는 장소가 아니라고 내 몸이 친절하게 경고한 셈이다. 프랑크푸르트와 나의 관계가 개선될 전망은 없었다. 이렇게 보면 뒤이은 모든 스트레스 증상 역시 프랑크푸르트를 떠나라는 신호였다.

우리가 어디에서 편안함을 느끼는지 결정하는 것은 무엇일까? 인간을 포함한 모든 생명체에 이상적인 장소가 어디인지 알려주는 길잡이가 과연 있을까?

고층 건물 사이에서 쫑긋거리는 귀

"기적은 자연의 반대가 아니라, 우리가 아는 자연의 반대다."
— 성 아우구스티누스

다시 처음으로 돌아가보자. 나는 아무 동기도 없이 무작정 프랑크푸르트에 정착한 게 아니다. 도시에 사는 동물을 연구할 가능성을 유일하게 프랑크푸르트의 야생토끼에서 보았기 때문에 그곳으로 갔다. 내 석사학위 논문 지도교수가 포츠담대학교에서 프랑크푸르트대학교로 옮겨갔을 때 나는 그 가능성을 처음 알았다. 지도교수는 프랑크푸르트 도심과 대학 캠퍼스에 야생토끼가 얼마나 많은지 이야기하며 흥분을 감추지 못했었다.

정말 그랬다! 프랑크푸르트에 갔더니 진짜로 실뭉치 같은 토끼가 사방에서 보였다. 프랑크푸르트 오페라하우스 앞 녹지에도, 고층 건물 사이 작은 공원에도, 연방은행 앞 잔디밭에도 있었다. 심지어 대낮에 공원 곳곳을 깡충깡충 돌아다니며 도로 바로 옆에 집을 지었다. 밤에는 도심 클럽 앞 덤불 사이를 이리저리 잽싸게 뛰어다녔다. 도심에 야생토끼라니, 그들이야말로 잘못된 장소에 와 있는 거 아닌가? 고층 건물의 매끄러운 유리 벽 사이에서 쫑긋거리는 복슬복슬 긴 귀는 마치 다른 행성에서 온 생명체처럼 보였다.

토끼가 나보다 더 프랑크푸르트에 안 맞을 성싶었지만, 오히려 그들은 건강하고 활기차게 깡충깡충 뛰어다녔다. 증권거래소와 연방은행 사이를 맘대로 헤집고 다녔다. 왕성한 번식력은 토끼들이 이곳에서 아주 잘 지내고 있다는 명확한 증거였다. **그러니까 프랑크푸르트에 사는 도시토끼들은 첫인상과 달리 이곳에 잘못 와 있는 게 아닌 걸까?**

나는 프랑크푸르트 녹지관리국과 지방자연보호국에 문의했다. 하지만 토끼들이 어디에서 왔고 '마인해튼'°에 실제로 몇 마리가 사는지는커녕, 토끼가 뭘 어쨌다는 건지조차 정확히 아는 사람이 없었다. 다만 최근 몇 년 새 토끼가 엄청 불어나서 프랑크푸르트시가 사냥꾼에게 토끼 수를 줄여 달라고 의뢰한 사실을 알 수 있었다. 나는 사냥꾼에게 연락해보라는 안내를 받고, 그렇게 했다.

° '독일의 맨해튼'이라는 의미로 마인강과 맨해튼의 합성어다. 프랑크푸르트 도심 금융가를 이렇게 부른다. ─옮긴이주

다음날 프랑크푸르트 연방은행 앞 녹지에서 악셀 자이데만을 만났다. 그는 흰족제비 한니와 난니를 데리고 나왔다. 토끼 사냥 때 그를 도운 족제비들이다. 이 작은 족제비들이 토끼를 굴 밖으로 내몰아서 굴 입구에 놓인 함정으로 들어가게끔 유인했다. 나는 토끼들이 어디에서 왔고 왜 이렇게 많은 토끼가 이 도시에 사는지 아냐고 그에게 물었다. "동료들 말을 들어보면 뮌스터나 베를린 같은 다른 도시에서도 비슷한 일이 벌어진답니다. 조용한 시골과 달리 도시가 토끼들에게 뭘 제공하는지 아직은 확실히 모르겠어요. 시골에서 토끼가 점점 줄어드는 이유도 모르겠고요. 최근 몇 년 동안 시골에서 토끼를 잡은 적이 없어요."

잠깐! 이 무슨 역설이란 말인가? 도시에서는 넘쳐나는 토끼를 없애기 위해 사냥꾼을 고용하는데, 시골에서는 수프에 넣을 토끼고기가 부족하다고? 믿을 수가 없었다. 그래서 지방 사냥협회 열다섯 곳에 전화해서 문의했다. 결과: 악셀 자이데만의 말이 맞았다. 연방주 대부분의 시골에서 최근 몇 년 새 토끼가 줄었다. 당시 메클렌부르크포어포메른주 사냥협회 관리자였던 피르츠칼 씨가 내게 고충을 털어놓았다. 메클렌부르크포어포메른주 시골에서는 2011년에 야생 토끼가, 심지어 수가 감소하고 있다는 유럽자고새보다 훨씬 희귀했다. 남은 토끼들은 예외 없이 모두 도시에만 산다.

○

마인해튼의 토끼 파라다이스

도시의 동물 사냥꾼도 시 공무원도 야생토끼들이 조용한 시골보다 스트레스 가득한 도심을 더 좋아하는 이유를 설명하지 못했다. 게다가 프랑크푸르트 괴테대학교에서도 아무도 우리의 털북숭이 이웃을 연구하지 않았다. 이곳에 토끼가 많아진 원인을 밝힐 방법이 어딘가에 분명 있을 것이다! 그래서 결심했다. 대도시에 머물며 프랑크푸르트 토끼 현상에 숨은 비밀을 밝혀내고 말리라! 나는 다음 세 가지 가설을 세웠다.

1. 도시는 황량한 농촌 황무지보다 많은 식량을 토끼에게 제공한다. 프랑크푸르트 도심 녹지, 주말농장, 대공원에는 언제나 먹을거리가 있다. 당연히 겨울에도 그렇다.
2. 프랑크푸르트 도심 공원 구역에는 덤불이 우거진 둔덕이 많아서, 야생토끼가 그곳에 집을 지을 수 있다. 프랑크푸르트 외곽 농촌 지역에 드넓게 펼쳐진 평평한 경작지와 초원에서는 그런 집터를 찾을 수 없다.
3. 시에도 여우나 맹금류 같은 포식자가 있지만, 별로 위험하지 않다. 포식자들은 재빠른 토끼를 사냥하는 대신 차라리 쓰레기통을 뒤져서 먹이를 얻는다. 그래서 도시토끼가 시골토끼보다 빨리 개체 수를 늘릴 수 있다.

내 연구의 핵심 질문은 그러므로 다음과 같았다. 먹이와 집터가 부족하고 포식자의 위협마저 도사리는 시골에서는 스트레스를 크게 받아서 토끼들이 도시에 매력을 느낀 게 아닐까? **만약 그렇다면 스트레스는 토끼에게 더 나은 삶을 알려준 길잡이였다는 뜻이다!**

스트레스의 아버지

> "스트레스는 비자카드만큼 유용하고 코카콜라만큼 만족스러운 단어다. 그런 만큼 확정적이지 않고 확정할 수도 없다."
>
> – 리처드 슈웨더

스트레스가 삶의 길잡이라고? 우리는 대개 스트레스라는 단어에 그렇게까지 큰 의미를 담지 않는다. 미디어를 그대로 믿을라치면 스트레스는 이 시대의 희생양으로, 이렇게 설명된다. 스트레스는 나쁘다. 스트레스가 건강을 해친다. 스트레스를 받으면 안 된다. 스트레스는 몸을 숨기고 호시탐탐 우리를 노린다. 매년 생일 모임마다 시어머니의 모습을 하고서. 혹은 주간회의에 나타나 불뚝거리는 상사로 위장하고. 매일 아침 거사를 치를 때 마지막 한 칸 남은 화장지인 채로. 스트레스는 교활한 물귀신처럼 실패, 질병, 불안의 형태로 모든 사람의 인생에 파고든다. 마트 계산원부터 버킹엄궁의 여왕에게까지 예외 없이. 스트레스는 우리가 삶에 얼마나 잘 대처하는지 보여주는 가늠자 역할도 한다. 거의 모든 의사, 심리학자, 과학자가 아무튼 여기에 동의한다. 직장 생활이나 사생활에서 모든 것을 잘 통제하면 스트레스도 없다. **그러나 스트레스에 대한 이렇게 한결같이 나쁜 설명은 과연 정당할까?**

스트레스 비즈니스

모르는 사람이 아주 많은데, 사실 스트레스는 우연히 발견되었다! 1935년 몬트리올 맥길대학교 의학자인 한스 셀리에는 원래 소의 번식을 조절하는 미지의 전달물질을 찾고 있었다. 새로운 호르몬을 찾아내고 싶은 마음에서였다.

셀리에는 이 전달물질을 소의 난소와 태반에서 발견하리라 기대했다. 그래서 소의 소식에서 용액을 추출해 암컷 실험쥐에 주입했다. 당시에 의학자들은 이미 세포가 호르몬을 생산해서 체내 전달물질에 실어 내보낸다는 사실을 알았다. 이런 전달물질은 가슴샘도 활성화한다. 가슴샘은 복장뼈 뒤에 있는데, 사춘기 동안 가장 커져서 신체가 성장하고, 뼈를 형성하고, 에너지를 관리하는 과정을 지원한다. 사춘기가 지나면 가슴샘은 다시 점차 작아지다 퇴화하고 노년기에는 거의 지방세포만 남는다.

셀리에가 용액을 주입했더니 쥐의 가슴샘이 정말로 반응했다. 그런데 그걸로 끝이 아니었다. 셀리에가 쥐를 해부해서 보니 가슴샘, 비장, 림프샘이 건포도처럼 오그라들어 있었다. 위 내벽과 십이지장에 출혈성 궤양이 생긴 것도 확인할 수 있었다. 부신피질 역시 셀리에가 건강한 쥐에서 봤던 모습과는 달랐다. 부신피질 세포가 뚜렷하게 증식해 있었다.

당시에 쥐의 신체가 보인 이런 반응은 완전히 새로운 장면이었다. 젊은 과학자는 이런 증상을 두고 자신이 연구 방향을 제대로 잡아서 정말로 새로운 호르몬을 찾아낸 증거로 이해했다. 하지만 순전히 잘못된 추측이었다. 셀리에가 어떤 자극을 주건 상관없이 쥐는 놀랍게도 언제나 똑같은 증상을 보였다. 소에서 추출한 다른 용액, 포르말린, 심지어 뜨거운 열을 주입해도 쥐는 항상 똑같이 세 가지 변화를 보였다. 림프세포가 오그라들고, 창자에서 출혈이 생기고, 부신이 비대해졌다. 언제나 이 세 가지 증상의 조합이었고, 그래서 **증후군**이었다. 셀리에는 이 증후군을 가리켜 "생명체가 어떤 요구에 보이는 불특정한 반응"이라고 불렀다. 짜잔! 이것이 스트레스를 정의한 첫 번째 공식 개념이다.

'스트레스'라는 용어는 곧 셀리에의 실험실을 떠나 드넓은 세계로 퍼져 나갔다. "스트레스를 받아서 위궤양이 생겼어!" 또는 "스트레스 때문에 죽겠어!" 오늘날까지도 실험쥐의 고통은 신발에 묻은 껌처럼 스트레스에 착 달라붙어 있다. 그러니 스트레스라는 단어를 아무도 좋아하지 않는 게 당연하다.

정치, 산업, 경제는 단숨에 스트레스에서 좋은 비즈니스의 냄새를 맡았다. 새로 발견한 이 불길한 개념이 사람들의 건강을 망치는 터라, 당연히 모두가 이 악당을 제거하려고 뭐든 다 할 참이었다. 그야말로 건강은 우리 모두에게 중요하니까! 담배 산업마저 셀리에의 연구를 이용해, 사람을 죽이는 원인은 흡연이 아닌 스트레스라고 선전했다. 그 뒤로 사람들은 스트레스 경주마가 지쳐 쓰러질 때까지 채찍질을 멈추지 않았다. 스트레스는 지금, 우리가 어떤 대가를 치르더라도 맞서 싸워야 하는 이 시대의 악당으로 통한다.

이런 전개에 한스 셀리에는 분명 마음이 아팠을 터다. 그는 수년간 연구한 끝에 일부 실험쥐가 고통을 이겨내고 그 후 더 건강해진 사실을 발견했다. 문제는 스트레스가 아니라 셀리에가 쥐에게 주입한 이물질이었다. 셀리에는 창자에 출혈이 생기고 림프기관이 파괴된 증상을 쥐가 외부 요구를 견뎌내려는 노력으로 보았다. 쥐의 작은 몸은 소의 물질이 주입된 뒤로 다시 균형을 찾으려고 스스로 할 수 있는 모든 일을 했다. 그러므로 셀리에가 보기에 스트레스는 '삶의 양념'이지 '독'이 아니었다. 스트레스는 신체가 외부 요구에 올바로 대치하고 저항력을 높이도록 돕는다. 다만 전제 조건이 있는데, 외부 요구가 지나치게 높아선 안 된다.

셀리에는 스트레스 이미지를 다시 긍정적으로 바꾸기 위해 생애 마지막 3분의 1을 바쳤다. '좋은' 스트레스와 '나쁜' 스트레스를 이야기했지만, 이미 때는 늦었다. 셀리에의 위대한 발견인 스트레스를 둘러싼 부정적 의견은 아르헨티나에서 사육 소 엉덩이에 찍는 낙인처럼 사람들 머릿속에 새겨졌다. 이는 미디어에서 스트레스를 전염성 강한 유행병에 비유하는 순간 절정에 달했다.

오늘날까지 스트레스만큼 문제의 근원으로 지목되며 희생양으로 동원되는 단어는 거의 없다. 그러나 스트레스를 정의한 공식적인 첫 개념을 안다면, 이 용어에 부당하게 나쁜 이미지가 덧씌워진 건 아닌지 묻지 않을 수 없다. 자연환경에 있는 생명체는 셀리에의 실험 쥐가 겪은 극한 조건에 거의 노출되지 않는다. 가장 거친 환경에 사는 시궁쥐들도 그렇게 잔혹한 외부 요구는 이겨내지 못할 것이다. 그러므로 이제 스트레스를 둘러싼 일반적인 관점에 의문을 제기하고 용어를 새롭게 정의해야 할 때가 아닐까?

위대한 미지의 존재, 그대 이름은 스트레스

> "우리 모두가 미쳤다고 생각하면 삶이 이해된다."
> – 마크 트웨인

나는 토끼를 연구하면서 줄기차게 '스트레스 요소' '스트레스 요인' '스트레스' '스트레스 반작용' '스트레스 반응'이라는 용어와 맞닥뜨렸다. 지금껏 이들 용어를 제대로 구분하려 애쓴 적이 없다. 사실 정확히 무슨 뜻인지도 몰랐다. 스트레스는 내게 수학 방정식의 미지수 x와 같았다. 나는 이 방정식을 풀며 연구를 이어 갈 수 있었지만, 방정식을 온전히 이해한 건 아니었다. 그렇다고 해도 물론 내 학문 환경과 개인 환경에 아무런 방해가 되지 않았다. 가족, 친구, 동료 들 모두 일상에서 스트레스라는 용어를 여기저기에 마구 섞어서 썼다. 내가 도시토끼와 시골토끼의 스트레스를 연구한다고 설명하면 다들 단

박에 무슨 얘기인지 알아들었다. 그렇지만 적어도 이 책을 위해 질문
이 생겼다. **스트레스 개념의 가장 정확한 최신 정의는 무엇일까?**

스트레스가 가득한 집에서

나는 2020년 가을에 조사를 시작했고 산더미처럼 쌓인 참고 문
헌을 뒤졌다. 학술 서적부터 자기계발서까지 온갖 책이 다 있었다.
인터넷 검색창에 '스트레스 개념의 정의'를 입력했더니 '스트레스'라
는 용어가 들어간 링크가 7억 3000만 개 넘게 떴다. 오케이, 생각보
다 오래 걸리겠군. 나는 순진하게 접근했고, 그 안에 파묻혀 살았다.
고작 며칠 만에 나는 A38 통행증을 찾아야 하는 아스테릭스가 된 기
분이었다⋯⋯.

A38 통행증이 뭔지 모르는 사람을 위해 설명하자면 이렇다. 만
화영화 「아스테릭스의 12가지 임무」에서 갈리아인 아스테릭스와 오
벨릭스는 로마인 가이우스 푸푸스가 지시한 열두 가지 임무를 처리
해야만 한다. 여덟 번째 임무가 '행정 업무'인데 여기서 A38 통행증
을 획득해야 한다. 이 통행증은 '미치게 만드는 집'에서 발급받을 수
있다. 간단해 보인다.

이 통행증이 여러모로 아주 평범해 보이는 1번 창구에 있었다면
이 영화는 5분 만에 끝났을 터다. 아스테릭스와 오벨릭스는 A38 통
행증을 발급받으려면 먼저 다른 서류를 준비해야 한다는 안내를 받
는다. 미치게 만드는 집 창구 직원들은 아스테릭스와 오벨릭스를 계

속해서 집안 곳곳에 있는 여러 창구로 보낸다. 두 갈리아인이 이성을 잃을 때까지 계속.

나는 스트레스가 가득한 집에서 '생물학' 임무를 맡아 처리할 때, 그러니까 이 책을 위해 자료를 조사할 때 마치 A38 통행증을 얻기 위해 동분서주하는 아스테릭스와 오벨릭스가 된 기분이었다. 나는 복잡한 조사 작업 때문에 이성을 잃다시피 했다.

1번 창구에는 오늘날까지도 널리 퍼진 셀리에의 정의가 있었다. "스트레스는 어떤 요구에 생명체가 보이는 불특정한 반응이다." 확실히 이 문장은 좋은 정의는 아니다. 대답보다 의문을 더 많이 불러일으키기 때문이다. 불특정한 반응이 도대체 뭐란 말인가? 이 반응을 모든 생명체에 적용할 수 있을까? 게다가 요구란 또 뭐고? 나는 질문하나하나를 살펴보고 다음 창구로 갔다.

2번 창구에서는 인간을 포함한 동물만 스트레스를 겪는다는 내용이 담긴 책들이 나를 기다리고 있었다. 이 답변을 가방에 넣고 나는 '식물 스트레스' '곰팡이 스트레스' '박테리아 스트레스'를 다루는 창구 세 곳을 빠르게 지나갔다.

생명체가 받는 요구가 무엇이냐는 질문의 답변은 3번 창구에서 얻었다. "요구는 생명체의 균형인 항상성을 깬다." 젠장, 항상성은 또 뭐야? 다음 창구로 이동. "유기체가 정교한 생리 과정을 통해 최상의 균형 상태를 조절하고 유지하는 성질이다." 아하, 그렇군. 그럼 항상성과 1번 창구에서 말하는 불특정한 반응은 대체 무슨 상관이람? 4번 창구 '스트레스 반응', 5번 창구 '적응', 6번 창구 '신항상성'에 문의하시기 바랍니다. 아, 특수 규칙인 '이질성' '회복성' '반사성'도 잊지 마세요. 특별 창구 Z1부터 Z3까지에 있답니다.

머리에서 연기가 났다. 조사하기 전보다 더 혼란스러웠다. 특히, 수많은 최신 생물학 서적에도 '스트레스'가 차례에 등장하지 않는다는 사실이 놀라웠다. 그러면서도 저자들은 가뭄 스트레스, 더위 스트레스, 산화 스트레스에 관해 몇 쪽씩 써 나갔다. 스트레스에 대해 설명해 달라는 요구를 받지 않으려고 '스트레스'만 빼고 다 설명하려는 듯 보였다.

내게는 남은 희망이 하나 더 있었다. 바로 리뷰다. 리뷰는 특정 주제를 다루는 논문을 요약한 최신 자료를 제공한다. 박사과정을 밟는 동안 어떤 주제에 관한 최신 과학 지식이 필요할 때마다 리뷰는 나를 구해주었다. 그러나 이번에는 실망으로 끝났다. 스트레스와 관련된 리뷰가 몇 개 있긴 했지만 별 도움이 되지 않았다. 한 리뷰에서는 스트레스를 둘러싼 가설을 214개나 발견했다. 서로 겹치고 보완하는 가설이 있는가 하면 고양이처럼 서로 꼬리를 무는 가설도 있었다. 리뷰는 내가 이미 아는 내용을 요약할 따름이었다. 수많은 이론이 있을 뿐, 정확한 건 없었다.

심리학자 시모어 러빈은 1985년 『스트레스란 무엇인가?What is Stress?』에 이렇게 썼다. "이 장에서는 스트레스 개념을 정의한다. 이 작업에 손을 대는 시도가 자만인지, 한없이 멍청한 일인지 아니면 완전히 미친 짓인지 잘 모르겠다!" 나는 마르코 델 지우디체와 연구진이 2018년 출간한 책에서도 똑같은 인용구를 만났다. 확실히 러빈의 말은 33년이 지나서도 의미를 잃지 않았다. 스트레스로 당신을 미치게 만드는 집에 오신 걸 환영합니다!

스트레스는 미끌미끌한 장어처럼 손에서 쏙 빠져나가 그냥 서랍 안에 웅크리고 있으려 했다. 몇 달 동안 조사하고 다른 생물학자, 심리학자, 사회학자와 수없이 얘기를 나눈 끝에 나는 이처럼 냉철한 인식에 도달했다. 스트레스가 무엇인지 아무도 모른다! 그러나 반대로, 많은 이가 스트레스의 정의를 일부러 혼란스럽게 만들었다는 인상도 받았다. 영어에 "When in doubt, spread confusion"이라는 표현이 있는데, 대략 해석하면 "모르겠으면 혼란을 퍼트려라"가 된다. 연구자들은 스트레스를 주제로 삼을 때 이 전략을 애용하는 것 같다. 스트레스는 대개 해롭지만, 더러 좋을 때도 있다. 스트레스는 외부에서 오기도 하고 내부에서 생기기도 한다. 어떤 생명체가 스트레스를 받고 어떤 생명체는 받지 않는지에 대해서도 아직 의견이 분분하다. 스트레스를 둘러싼 깊은 혼돈 속에서 나는 진지하게 의심하기 시작했다. **우리가 일상에서 스트레스를 두고 생각하는 모든 것이 어쩌면 완전 헛소리 아닐까?**

스트레스는 문제가 아닌 해답이다

"다른 분야와 마찬가지로 여기에서도 처음 발생한 상태를 그대로 살필 때 가장 성공적으로 탐구를 진전시킬 수 있다."

— 아리스토텔레스, 『정치학』, 제1권 제2장

몇 달 동안 이런저런 책과 논문을 읽고 나서, 나는 처음부터 다시 시작하기로 했다. 그때부터 스트레스가 무엇인지 알아내려 하지 않았다. 그보다는 스트레스라는 단어의 기원에 더 집중했다. 스트레스의 정확한 의미를 두고 의견이 일치하지는 않더라도, 어쨌든 어딘가에서 그 단어가 나온 것은 확실하다. **그렇다면 스트레스의 원래 의미는 무엇이었을까?**

고대 그리스인은 이미 알았던 사실

스트레스는 고대 그리스인들이 처음 생각했다. 그리스 철학자 히포크라테스는 기원전 400년에 이미 (그리스어로 **파토스**pathos라는) 질병이 괴로움과 고통만 주지는 않는다고 가르쳤다. 히포크라테스에 따르면 질병은 **포노스**ponos 특성도 있다. 포노스는 그리스신화에 나오는 고난의 악령이다.

고난 역시 질병의 긍정적 특성은 아니다. 하지만 그리스인들은 고난을 긍정적으로 보았다. 질병은 신체가 건강한 균형을 되찾기 위해 벌이는 **고난의** 전투다. 히포크라테스는 건강이 균형에 달렸다고 보았다. 파괴적 힘이 균형을 뒤죽박죽 무너트릴 때 우리를 구원하는 반작용으로 질병이 출현한다. 질병은 곧 자연의 치유력이다. 그리스 인들의 **포노스**는 오늘날 우리의 스트레스와 같았다. 다만 중요한 차이점이 있는데, 포노스는 사람에게 아무런 해를 끼치지 않았다. 오히려 그 반대였다. 포노스는 생명의 구원자였다!

히포크라테스 이후 수많은 사람이 질병의 모습을 한 자연의 치유력을 연구했다. '파라켈수스'라는 가명으로 더 잘 알려진 스위스의 유명한 의사 테오프라스투스 봄바스투스 폰 호엔하임도 그중 한 명이다. 16세기에 파라켈수스는 말 그대로 환자를 차가운 물에 밀어 넣는 게 치료에 도움이 된다고 여겼다. 갑작스러운 냉기로 몸이 충격을 받으면, 그 충격이 병을 다스릴 거라고 믿었다. 400년 후에 오스트리아 의사 율리우스 바그너야우레크도 비슷한 생각을 했다. 그는 우울증, 천식, 치매로 고통 받는 환자들에게 일부러 말라리아 병원체를 주입했다. 그렇게 해서 발생한 열이 다른 질병도 치료할 거라고 여겼다. 영 한심한 생각일까? 꼭 그렇지만은 않다. 사우나도 같은 원리를 따른다.

바그너야우레크 말고 다른 의사들도 환자들이 우발적 쇼크를 겪은 뒤에 질병에서 회복하는 모습을 목격했다. 환자들은 뭔가에 **화들싹 놀라 깬 것처럼** 질병에서 말끔히 **빠져나왔다.** 딸꾹질할 때 누군가 당신을 갑자기 놀라게 하면 마법처럼 딸꾹질이 멎는 현상과 같다. 이런 충격요법은 19세기에 점점 큰 인기를 누렸다. 충격요법이 어떻게 질병을 치료하는지 아무도 알지 못했지만, 아무튼 효과가 있었다. 류머티즘을 앓는가? 문제없다! 우유, 중금속 또는 다른 사람의 피를 정맥에 주입하면 해결된다. 그 시절에는 의사에게 가는 일이 고문 예약을 잡는 것이나 마찬가지였다. 전기충격, 사혈, 음독. 예전보다 훨씬 덜 극단적이긴 하지만, 오늘날에도 의사들이 그런 충격요법을 활용한다.

포노스의 역사적 배경이 너무 궁금해서 나는 랜돌프 네스에게 문의했다. 랜돌프 네스는 애리조나주립대학교 생명과학 교수고 진화의학연구소 설립자이자 소장인데, 스트레스를 주제로 여러 책과 논문을 저술했고 스트레스 증상이 있는 수많은 환자를 치료했다. 그는 질병이 우리 면역 체계의 일부라는 고대 그리스인과 19세기 학자들의 견해를 여전히 고수한다.

오늘날 많은 사람이 질병을 해답이 아닌 문제로 본다. 그러나 잘못된 생활 조건이 질병을 유발하는 원인이 아닐까? 길게 보면 우리의 균형을 깨트려 질병을 유발하는 잘못된 장소, 잘못된 직업, 잘못된 관계가 문제 아닐까? 고대 그리스인이 보기에 질병 안에 숨은 진짜 핵심은 불편함이다. 몸이 아프다면 생활 조건을 바꿔볼 필요가 있다.

랜돌프 네스는 열 같은 병증과 스트레스 반응을 약으로 없애면 심지어 위험하다고 여겼다. 그 이유를 2016년 발표한 자신의 논문 「스트레스 반응의 진화적 기원과 기능Evolutionary Origins and Functions of the Stress Response,에서 이렇게 설명했다. "폐렴 환자는 기침을 억제하면 감염이 잘 낫지 않고 심지어 사망에 이를 수 있다." 불쾌하게 느껴지는 설사도 중요한 기능을 한다. 장염이 심각할 때 병원균을 신속하게 외부로 운반하는 데는 묽은 똥이 유리하다. 신체 자체의 청소 전략을 약으로 방해하면 심각한 합병증이 생길 수 있다. 감기에 걸렸을 때도 열을 억제하면 환자가 빨리 회복하는 데 도움이 되지 않는다. 랜돌프 네스는 또한 이렇게 확신한다. "약으로 몸의 방어 체계를 차단하더라도 위험하지는 않다. 신체에 자가 치유 전략이 하나만 있는 건 아니기 때문이다." 자연의 파괴적 힘에 대처하는 유기체의 반응은 확실히 매우 복잡하고 지능적이며 섬세하게 조정된다.

랜돌프 네스 교수와 얘기를 나눈 뒤로 나는 완전히 혼란에 빠졌다. 고내 그리스인들이 보기에 질병은 스트레스를 제대로 관리하지 못하고 삶을 통제하지 못한다는 증거가 아니었다. 오히려 그 반대였다. 스트레스의 원래 의미인 포노스는 뭔가 긍정적인 개념이었다. 열 같은 병증을 심지어 일부러 일으킬 만큼 긍정적이었다. 나는 프랑크푸르트에서 겪은 불면증, 탈모, 신경쇠약을 이런 관점으로 바라본 적이 없다. 어쩌면 이들 증상은 정말로 외부의 파괴적 힘에 대처하는 내 몸의 반응이었을지 모른다. 말하자면 나를 흔들어 깨워 비참함에서 **빠져나오게** 하려는 스트레스 반응이었다.

나는 이때부터 토끼와 나 사이의 연결을 더욱 뚜렷하게 깨달았다. 프랑크푸르트는 토끼에게 '파괴적 힘'을 가하는 생활 공간이 결코 아니었다. 내 연구에서 모든 결과가 입증했듯이, 도시토끼는 시골토끼보다 잘 지냈다. 도시토끼는 왕성하게 번식했고 잘 먹는 데다 시골 토끼보다 겁이 없었다. 스트레스 징후는 거의 보이지 않았다. 그들이 잘 지내지 못했다면 예전에 벌써 프랑크푸르트를 떠났을 터다. 반면 내 병증은 프랑크푸르트를 떠난 지 6년이 지나서야 겨우 사라졌다.

그리스인의 관점은 내게 결정적인 퍼즐 조각이었다. 나는 자연에서 스트레스가 매우 유용하다는 점을 이해했다. 이 관점은 스트레스가 외부 요구에 대처하는 반응이라는 한스 셀리에의 개념 정의와 일치한다. 생명체의 균형을 무너트리는 파괴적 힘이 이런 외부 요구다. 스트레스는 균형을 되찾기 위해 외부의 파괴적 힘에 용감하게 맞선다. 셀리에의 실험쥐들은 단지 대단히 비인간적인, 아니 '비설치류적인' 요구를 받는 불운을 겪었을 뿐이다. 소의 세포가 자연적으로 쥐의 혈류에 들어갈 확률이 얼마나 되겠는가? 이런 조건 아래서 실험쥐가 죽었으니 당연한 결과다. 그런데 그 책임을 스트레스가 떠안았다. 이는 마치 누군가 당신을 10분 동안 물속에 담갔는데 당신이 익사하면 물이 치명적으로 위험하다고 결론짓는 것과 같다.

프랑크푸르트 야생토끼는 사정이 다른 것 같다. 그들이 도시에 사는 현상은 시골의 먹이 부족, 보금자리 부족, 미흡한 안전 같은 외부의 파괴적 힘에 대처하는 반응처럼 보인다. 깡충깡충 뛰어다니는 이 작은 생명체들은 도시 이주라는 스트레스 반응으로 내적 균형을 되찾았다. 더불어 새로운 생활공간도 차지했는데, 그곳에는 다시 새로운 요구가 그들을 기다린다.

진화생물학의 안경으로

"강함은 이기는 데 있지 않다. 당신은 도전과 함께 성장한다. 저항에 부딪혔을 때 물러서지 않는 이가 강한 사람이다."

– 아널드 슈워제네거

스트레스와 나는 오랫동안 좋은 관계를 맺지 못했다. 대다수 사람들이 그렇듯이 나도 미디어에서 말하는 관점으로 스트레스를 바라보았다. 무슨 수를 써서라도 뿔을 움켜쥐고 무릎 꿇려야 할 이 시대의 희생양으로 여겼다. 그러나 이제 나는 스트레스를 둘러싼 여러 가정이 이미 구시대적이고 심지어 틀렸다는 사실을 안다. 특히 진화생물학의 안경을 쓰고 스트레스를 보았더니 새로운 의미가 열렸다. 나는 이 책에서 그 얘기를 나누려고 한다.

『숨 쉬는 것들은 어떻게든 진화한다』라는 제목을 단 이 책은 단순하되 기발한 발상의 일대기다. 한 생명체가 올바른 장소 아니면 잘못된 장소에 와 있는지는 스트레스와 관련 있다! 확언하건대, 진화생물학 관점에서 본 스트레스는 항상 체력이 떨어질 때 생긴다. 그리고 내가 여기 거실에 앉아 입력하는 '체력'이라는 단어는 헐떡이지 않고 5층까지 계단을 오르다거나 맥주 두 궤짝을 한 번에 끌 수 있다는 의미가 아니다. 말하자면, 생물학적 적합성을 가리킨다. 생물학적 적합성fitness은 자기 자신과 가까운 친척의 자손 수에서 판가름 난다. 생명체가 환경에 잘 적응할수록 오래 살고 왕성하게 번식할 확률이 높다.

○

그리고 스트레스는 환경에 적응하도록 돕는다.

스트레스를 바라보는 이런 관점은 인간을 포함한 모든 생명체가 왜 지금 그곳에 정착했는지 이해하는 열쇠다. 도시든, 심해든, 열대우림이든 상관없이.

당신은 지금 사는 곳에 얼마나 적합한가?

번식은 생명의 중요한 특징이다. 그래서 진화생물학자들은 생명체가 죽음 이후에도 자기 DNA를 되도록 많이 보존하기 위해 무의식적으로 노력한다고 이야기한다. 유기체가 자손에게 자기 DNA를 많이 물려줄수록 생물학적 적합성은 커진다. 자연은 생물학적 적합성을 높이는 방식으로 번식하도록 설정된 것 같다.

그러나 당신 자손만이 적합성 계좌에 플러스 요인은 아니다. 가까운 친척의 자손 역시 당신의 DNA 일부를 보유한다. 그래서 자기 자신과 가까운 친척의 자손 수를 모두 합해야 생물학적 적합성의 총합이 된다. 이 점은 동물과 인간뿐 아니라 박테리아, 곰팡이, 식물에도 적용할 수 있다. 오래 살고 대가족을 이루면 높은 적합성이 보장된다. 반면, 극한의 기온이나 포식자 같은 스트레스 요인은 적합성을 낮춘다. 적합성이 떨어지면 스트레스는 상승한다.

적합성이 오래 떨어져 있지 않게끔 생명체는 다시 적합성을 높일 만한 여러 반응을 보인다. 그것이 바로 스트레스 반응이다. 매가 야생토끼를 공격한다면 이때 토끼의 스트레스 요인은 매다. 매는 토끼의 적합성을 순식간에 무너트릴 수 있다. 그런 일이 일어나지 않도록 토끼는 매를 피해 안전한 굴로 달아난다. 이런 도주가 바로 토끼의 스트레스 반응이다. 이 반응이 토끼의 생명을 살리고 적합성도 높인다.

동물뿐 아니라 모든 생명체가 이런 스트레스 반응을 보인다. 나무는 뙤약볕을 피해 잎을 뒤집는다. 미생물은 바싹 건조해지면 스스로 오그라든다. 인간은 감당할 수 없을 만큼 상황이 심각해지면 기절한다. 스트레스 반응은 해를 끼치지 않는다. 오히려 그 반대다. 모든 것을 다시 정상으로 되돌리는 임무를 맡는다.

당신의 인생 목표는 토끼의 높은 번식률이 아니라고 말하고 싶을지도 모르겠다. 맞다. 나도 그렇다. 그러나 당신 건강은 어떤가? 한 사람의 건강은 너 큰 전체의 적합싱을 높이기 위한 기본 전제 조건이다. 한 생명체가 건강하다면 자신의 장수와 왕성한 번식력만 보장되는 게 아니다. 건강한 생명체는 에너지가 풍부해서 본인 자손과 친척 자손까지 돌볼 수 있다.

프랑크푸르트에서 개인적 위기를 겪는 동안에는 도시토끼에게서 스트레스에 관해 얼마나 많은 것을 배울 수 있는지 미처 깨닫지 못했다. 그때 상황을 돌이켜보는 지금, 나는 내 삶과 토끼의 삶에 영향을 끼친 적합성의 특성 세 가지를 또렷하게 인식한다.

1. 생명체는 자신과 적합성이 가장 높은 곳으로 이동한다.
2. 생명체는 적합성이 가장 높은 곳에서 가장 많은 시간을 보

낸다.

3. 적합성이 100퍼센트인 곳은 없다.

1번: 생물학적 최대 적합성을 좇는다면 모든 생명체는 지내기에 가장 좋은 곳, 장수에 필요한 모든 조건을 갖춘 곳으로 당연히 이동할 것이다. 아무도 토끼 같은 야생동물에게 시골보다 베를린이나 프랑크푸르트 도심이 살기에 더 나을 거라고 일러주지 않았다. 동물들은 순전히 자발적으로 도시에 왔다. 그렇다면 무엇이 나를 프랑크푸르트로 이끌었을까? 실제로 그때 프랑크푸르트로 이사 온 계기는 내 적합성과 직접적으로 관련이 있었다. 당시 남자친구가 프랑크푸르트 출신이었고, 우리는 몇 년간 이어 온 장거리 연애를 끝내고 더 가까이 살고 싶었다. 프랑크푸르드의 야생토끼를 연구하기로 한 내 결정 또한 틀림없이 내 적합성을 더 높였을 터다. 나는 생물학자에게 걸맞은 일을 찾고 있었고, 야생토끼가 있는 프랑크푸르트야말로 내게 완벽한 환경이 되겠다고 확신했다. 2010년에는 도시-농촌 격차에 따라 포유류가 적응하는 실태를 추적한 연구가 거의 없었다. 그러나 생물 다양성 보전에 도시가 어떤 역할을 하는지 이해하려면 그런 연구가 중요했다. 프랑크푸르트는 내게 이 주제를 연구할 유일한 기회를 제공했다. 독일에서 프랑크푸르트 일대만큼 야생토끼가 널리 퍼진 곳은 없었다. 나는 박사과정 동안 뭔가 중요한 일을 하고 있다고 확신했다. 이런 자부심에 젖어 행복했다. 볼트와 너트처럼 행복과 내 건강은 아주 잘 맞았다!

2번: 불행히도 내 연애도 건강도 박사학위 논문보다 오래 버티지 못했다. 내 고향 베를린에 있었다면 이런 적합성 재앙이 닥치지 않았을까? 이 물음의 대답은 매우 높은 확률로 "그렇다"이다. "집이 최고다"라는 말은 감정에만 해당하지 않는다. 생물학의 관점에서도 의미가 있다. 이론대로라면 유기체와 그 조상들이 가장 많은 시간을 보낸 곳에서 적합성이 가장 높다. 박테리아, 곰팡이, 식물, 동물은 시간이 흐를수록 주변 환경에 최적으로 적응한다. 그들은 어디에 좋은 식량이 있고, 적이 나타나면 자신을 어떻게 보호해야 하는지 정확히 안다.

3번: 완벽한 적합성을 제공하는 장소는 없다. 달리 말하면 어느 곳에서든 항상 무슨 일인가 벌어진다! 동족끼리 치르는 소소한 다툼부터 오랜 식량 부족과 병원균 감염까지 스트레스 요인은 언제나 존재한다. 우리가 어디에 살든 상관없다. 예를 들어 도시 야생토끼는 이전에 맞닥뜨린 적 없던 스트레스 요인에 직면한다. 더불어 세상은 끊임없이 바뀌고, 변하지 않는 건 없다. 가장 아름다운 보금자리마저 악몽으로 돌변할 수 있다. 그러므로 이런 냉철한 깨달음을 명심해야 한다. 스트레스 없는 완벽한 삶은 환상이다!

3번이 가장 중요하다. 스트레스 요인이 없다면 생명체가 새로운 조건에 끊임없이 적응할 필요도 없을 터다. 변화와 거기에 반응할 필요성은 생명이 시작된 뒤로 줄곧 지구 생태계의 지휘자였다. 이 지휘

○

자가 없다면, 발달도 진화도 없을 것이다. **게다가 우리 인생에도 성장의 기회를 제공하는 수많은 도전이 있지 않나?**

이 책은 당신이 지금까지 알고 있던 스트레스의 모든 것을 잊게 하는 초대장이다. 『이상한 나라의 앨리스』에 나오는 "나를 마셔요"라고 적힌 병이다. 「매트릭스」에 나오는 빨간 알약이다. 「맨인블랙」에 나오는 불빛이다. 우리 함께 스트레스라는 산을 등반하며 숨 막히게 아름다운 경관을 누리자. 깨달음도 얻을 거라고 확신한다!

1장

스트레스,

태어나다

실험쥐와 신비한 증후군

"나는 모든 언어에 새로운 단어를 선물했다."

– 한스 셀리에

1907년 빈에서 출생한 의학자 한스 셀리에가 자신이 '스트레스'라는 단어를 세상에 선물했다고 주장했을 때, 그 말은 결코 과대망상이 아니었다. 단연코 사실이다. 그가 아니었다면 오늘날 우리는 이 용어를 사용하지 못했을 수도 있다. 프랑스, 에스파냐, 포르투갈 같은 남부 ⍳럽의 뇌친직인 사림들처럼 스트레스라는 말을 모르고 살았을 것이다.

내가 지금까지 스트레스를 조사하는 동안 읽었던 거의 모든 책과 논문에는 줄기차게 셀리에가 등장했다. 거기서 그는 언제나 "스트레스의 아버지"라고 불렸다. 그런데 정말 그럴까? 잘못된 정보가 세대를 거쳐 전해 내려오는 사례는 이번이 처음은 아닐 것이다. 한 저자가 다른 저자의 글을 잘못 인용하는 일이 종종 있다. 2021년에 나는 셀리에의 책『삶의 스트레스The Stress of Life』를 주문했고 서재에 틀어박혀 읽었다. 셀리에의 책에서 다음 질문의 해답을 찾아내고 싶었다. **고대 그리스인들이 사용한 원래 의미가 아주 명료한데도 어째서 오늘날 '스트레스'의 의미가 그렇게 혼란스러워졌을까?**

스트레스, 우연한 발견

나는 최악의 상황을 각오하고 일단 셀리에의 책을 펼쳤다. 1984년 개정판이었고, 초판은 1956년에 출간되었다. 전문용어로 가득해 지루한 의학서였다. 복잡한 표현에 재미는 제로. 하품이 나올 만큼 지루했다. 그러다 셀리에가 단도직입적으로 쓴 문장을 만났다. "무슨 일이든 상관없이 엄청나게 많은 일이 닥칠 때, 인간이 동물, 심지어 단세포하고도 공유하는 불가사의한 상태는 무엇일까? 스트레스의 본질은 무엇일까?" 빙고! 내가 제대로 찾았다.

셀리에는 '스트레스의 아버지'라는 경력이 결코 계획된 일이 아니었다고, 편안하고 매우 재미있는 방식으로 설명했다. 그는 캐나다 몬트리올에 있는 맥길대학교 생화학연구실에서 호르몬을 찾다가, 앞에서 설명했듯이 실험쥐의 기이한 반응을 마주했다. 아직 발견되지 않은 어떤 호르몬이 함유된 용액을 주입했더니, 실험쥐의 부신피질이 비대해지고 위와 장에 궤양이 생기고 림프관이 오그라들었다. 이 의학자는 아직 알려지지 않은 어떤 호르몬 때문에 이런 반응이 생겼다고 확신했고, 28세에 이미 경력의 최고 목표에 도달했다고 여겼다.

열기, 냉기 또는 포름알데히드 같은 독극물에 노출된 실험쥐도 이런 세 가지 변화를 보인다는 사실을 확인했을 때 셀리에는 더 큰 충격을 받았다. 쥐가 보이는 이런 '증후군'은 확실히 새로운 호르몬에 드러내는 반응이 아니었다. 이제껏 한 모든 작업이 허사로 느껴졌고 그래서 다른 질문을 연구하기로 했다.

그러나 말은 쉬워도 실행하기는 어려운 법. 이 젊은 학자는 몇 주가 지나도록 실험실에서 아무것도 하지 못했다. 직접 관찰한 내용이 머릿속에서 떠나질 않았다. 실험쥐에 어떤 '이물질'을 주입해도 항상 같은 변화가 일어나는 이유는 뭘까? 셀리에는 이번 발견이 훨씬 더 큰 무언가와 관련 있을 것 같다는 느낌을 받기 시작했다. 하찮은 성호르몬 하나 찾아내는 일보다 훨씬 큰 관심을 과학계에서 끌어낼 수 있는 더 큰 뭔가를 발견한 것만 같았다.

이 의학자는 결단을 내리고 자신이 관찰한 신비한 증후군을 계속 연구했다. 가련한 쥐들은 수없이 실험을 당해야 했다. 셀리에의 지도교수는 이 모든 상황을 미친 짓이라고 생각했다. 그래서 셀리에를 불러 허튼짓 그만두고 진짜 과학으로 눈을 돌리라고 충고했다. 지도교수가 보기에 쥐가 이물질에 어떻게 반응하는지 관찰하는 실험은 순전히 시간 낭비에 바보들이나 하는 일이었다.

그때 셀리에가 지도교수의 충고를 들었다면, 오늘날 우리는 스트레스를 놓고 어떻게 말하고 생각해야 할지 전혀 몰랐으리라. 그러나 그는 자신의 연구가 아닌, 연구를 의심하는 모든 사람에게서 등을 돌렸다. 그가 보기에는 **이물질의 효과**가 의학에서 가장 흥미롭고 전망이 밝은 연구 주제였다. 그때부터 셀리에는 성실하게 연구에 몰두했다. 매일 새벽 5시에 일어나 수영을 하고 10킬로미터가량을 운전해서 출근했다. 실험실에서는 10~14시간을 보내며 쉬지 않고 실험에 몰두했다. 주말도 마찬가지. 그렇게 실험한 보람이 있었다. 마침내 셀리에는 중요한 연관성을 발견했다. 쥐들이 화학물질, 열기, 방사선 같은 '이물질'에 많이 노출될수록 반응 역시 격렬해졌다. 쥐들의 궤양은 더 나빠졌고 부신피질도 더 비대해졌다. 비장, 간, 가슴샘도 더 심하게 오그라들었다. '이물질'에 노출되는 강노와 기간이 쥐의 신체 반응 정도를 결정했다. 쥐에게 강도 높은 운동을 시키고 신체 한계를 넘어서는 먼 거리를 달리게 했을 때도 이런 연관성이 나타났다. 그러니까 이미 파라켈수스가 알고 있었듯이, '한계를 넘어서는 용량'이 독을 만들었다.

El Stress, le Stress, der Stress

셀리에는 '이물질'에 쥐가 보인 반응을 가리키는 용어를 찾은 끝에 '일반적응증후군general adaptation syndrome'으로 결정했다. 그러나 과연 이 증후군의 원인을 뭐라고 불러야 한단 말인가? 쥐에게 적응증후군을 일으킨 포르말린, 엑스레이, 신체적 소모를 포함한 이 모든 것의 공통점은 무엇일까?

셀리에는 적합한 용어를 알아보려고 다른 분야로 눈을 돌렸다. 그러다 물리학에서 답을 찾았다. 영어권 물리학자들이 말하는 스트레스는 기계 용수철에 작용하는 힘을 뜻한다. 물리학에서는 '스트레스'를 가해 용수철을 눌러서 줄이거나 잡아 늘릴 수 있다. 영어 단어 스트레스의 어원은 '팽팽하게 당기다'라는 뜻을 지닌 라틴어 동사 strictus다. 이 라틴어 동사는 접촉하다, 뽑다, 자르다라는 의미도 있다.

이런 스트레스에 용수철이 일으키는 반응을 영어로 'strain', 곧 '저항'이라고 한다. 용수철에 작용하던 스트레스가 감소하면 용수철은 다시 이전 형태로 돌아간다. 다만 전제 조건이 있는데, 작용하는 스트레스가 지나치게 크지 않을 때만 그렇다.

스프링 매트리스 위로 쿵 하고 뛰어올라본 사람이라면 스프링이 망가져서 발이 바닥에 세차게 부딪히는 현상을 잘 알 것이다. 스트레스가 거세게 작용하면 용수철이 심하게 짓눌려서, 스트레스가 약해져도 용수철은 원래 상태로 곧바로 돌아오지 못한다. 이런 원리는 반대 방향으로도 작동한다. 용수철을 힘껏 잡아당겨서 과도하게 늘리면, 불은 스파게티 면처럼 탄력이 사라지고 용수철은 예전 형태로 다시는 돌아가지 못한다. 훅의 법칙에 따르면, 용수철의 변형은 용수철에 작용하는 힘에 비례한다. 여기서도 한계를 넘어서는 용량이 독을 만든다.

스트레스와 저항. 셀리에는 물리학에서 온 이 개념이 마음에 들었다. 그래서 망설임 없이 이 개념을 자신의 작업에 적용했다. 셀리에가 보기에는 스트레스가 모든 일반적응증후군의 원인이었다. 곧, 스트레스는 외부에서 온 '이물질'이었다. 용수철에 작용하는 힘은 실험쥐가 경험한 소의 호르몬, 열기, 방사선이었다. '저항'은 적응증후군 그 자체였다. 신체가 새로 생긴 궤양, 비대해진 부신피질, 오그라든 림프관 형태로 이물질에 저항하는 움직임이다. 저항은 스트레스에 대한 반응이었다.

연구 내용이 널리 알려지면서 셀리에는 팝스타처럼 전국을 순회했다. 1946년에는 파리에 있는 명문 대학교 콜레주드프랑스에서 연구 내용을 발표해 달라고 초청을 받았다. 셀리에는 프랑스-캐나다 대학교 교수였기에 프랑스어를 정확하게 구사했다. 그러니 프랑스어 지식을 최대한 끌어모아도 '스트레스'라는 영어 단어를 대체할 마땅한 프랑스어 단어를 찾을 수가 없었다.

발표가 끝나고 사람들은 강당에 모여 단어를 두고 몇 시간 동안 토론했다. 스트레스를 대신할 프랑스어가 반드시 있어야 했다. 그러나 프랑스 청중은 포기할 수밖에 없었다. 그렇게 'le stress'가 탄생했다.

그 후로 셀리에는 거듭해서 같은 현상에 부딪혔다. 다른 언어에도 스트레스에 대한 번역어가 없었다. 곧 독일어 'der Stress', 이탈리아어 'lo stress', 에스파냐어 'el stress', 포르투갈어 'o stress'가 라틴어계 언어에 더해졌다. 포노스라는 적합한 단어를 이미 보유했던 그리스인들마저 스트레스라는 단어를 사용하기로 결정했다. 스트레스 앞에 항상 남성 관사가 붙는 이유를 셀리에도 이해하지 못했다.

'귓속말 전하기' 효과

어느 날 셀리에는 표지에 "스트레스는 저절로 발생한다!"라고 적힌 학술지 한 권을 받아들었다. 「영국의학저널」은 스트레스가 스트레스를 유발한다는 주장을 쌀쌀하게 비웃었다. 처음에는 셀리에도 이게 어떻게 된 영문인지 이해하지 못했다. 왜 이런 기사가 났지? 스트레스는 저절로 생기지 않아! 그는 '스트레스Stress'를 원인으로, '저항Strain'을 쥐의 반응으로 명확히 구분했다. 그런데 이 잡지 저자들은 왜 다른 주장을 했을까?

Stress. Strain. 셀리에는 두 영어 단어를 여러 차례 큰 소리로 발음해보았다. 아하, 그랬구나! 순간 눈앞이 환해졌다. 두 단어의 발음이 무척 흡사했다. 헝가리어가 모국어인 그는 때때로 영어에 어려움을 겪었다. 의학자 폴 로쉬가 나중에 밝혔듯이, 셀리에는 동료이자 친구인 폴에게 자신의 부족한 영어 지식을 불평하곤 했다. 「영국의학저널」 표지에 적힌 문장은 한 학자가 웅얼거린 불명확한 발음의 결과였을까? 이른바 귓속말 전하기 효과?

오해를 해명해봐야 소용없을 것 같았다. 기차는 이미 떠났다. 해명하는 대신 그는 'Stressor(스트레스 요인)'라는 새로운 단어를 만들어냈다. 이 단어가 Stress를 대체했고, 증후군의 원인이 되었다. 그때부터 셀리에는 외부에서 온 '이물질'을 Stressor라고 불렀다. 더불어 Strain(저항)은 Stress가 되었고 증후군을 뜻했다. 물리학의 Stress와 Strain 개념은 의학의 Stressor와 Stress에 상응한다. 어떤가, 이제 이해가 되는가? 맞다, 혼란 그 자체다.

셀리에는 나중에 스트레스에 또 다른 의미를 추가해서 이를 더 복잡하게 만들었다. 'Stress'는 인체의 불가피한 마모 현상이다! 우리가 힘겹게 살수록 위궤양, 탈모, 심혈관 질환 같은 부작용이 더 커진다.

요약하면 이렇다.

물리학에서 힌트를 얻은 셀리에의 첫 번째 아이디어	Stress = 외부에서 온 이물질	Strain = 쥐의 반응
「영국의학저널」에 실린 냉소적 기사를 본 이후 셀리에의 두 번째 아이디어	Stress가 Stressor로 바뀐다. Stressor = 외부에서 온 이물질	Strain이 Stress로 바뀐다. Stress = 쥐의 반응
셀리에의 세 번째 아이디어	Stressor = 외부에서 온 이물질	Stress = 인체의 마모 현상

이렇게 모든 개념 정의가 오락가락하는 바람에 '스트레스'는 이제 훨씬 더 뒤죽박죽 복잡해졌다. 물리학에서 가져온 셀리에의 첫 번째 아이디어를 고수하는 모든 사람에게는 스트레스가 외부에서 온

무언가였다. 그들은 스트레스에 대한 반응으로 **팽팽하게 당겨진 긴장** Strain을 느꼈다. 셀리에의 두 번째 아이디어를 고수하는 모든 사람에게는 스트레스가 스트레스 요인Stressor에 보이는 신체의 반응이었다. 그들은 **스트레스**Stress를 느꼈다. 이렇게 뒤죽박죽인 단어가 오늘날까지 이어진다.

불행한 학자

셀리에는 삶의 끝에서 자신이 쌓은 완벽한 경력을 회고했다. 세상에 그저 새로운 단어 하나만 선물한 삶이 아니었다. 스트레스를 다루는 1700개 넘는 기사와 책 39권에도 영향을 미쳤다. 박사학위 3개와 명예박사학위 43개는 차고 넘쳐서 약력에 나 적기노 어려웠다. 노벨상 후보에만도 여러 차례 올랐다.

그러므로 스트레스 연구의 아버지로서 행복하고 만족할 법했다. 그러나 그는 그러지 못했다. 피가 나는 창자와 오그라든 림프관은 그의 발견을 홍보하기에 좋은 캠페인이 되지 못했다. 셀리에의 연구는 스트레스에 의도치 않은 부정적 이미지를 씌웠다. 저명한 노학자는 이 사실이 마음 아팠다. 셀리에 자신은 고대 그리스인의 발상에 동의했다. **스트레스 또는 포노스는 외부의 요구를 이겨내고 생명을 구하기 위한 반응이다.**

셀리에는 스트레스를 바라보는 부정적 시선을 바로잡으려고 오래도록 노력했다. 자신이 발견한 사실, 즉 Stressor라고도 부르는 스

○

트레스 요인에 대처하는 자연의 반응이 얼마나 중요하고 긍정적인지 거듭 강조했다. 아무리 단순한 형태라도 살아 있는 모든 생명체는 스트레스 반응을 보인다고 강조했다. 그의 관점에서 보면 스트레스가 없는 생명체는 죽은 것이다. 그러나 너무 늦었다. 스트레스라는 아기는 이미 우물에 빠진 뒤였다. 사람들은 스트레스가 심지어 흡연보다 더 해롭다고 여겼다. 셀리에는 1982년 10월 16일 캐나다 몬트리올에서 사망했고, 스트레스라는 자신의 위대한 발견이 마땅히 누려야 할 긍정적 명성을 회복하려는 노력도 함께 끝을 맞았다.

『삶의 스트레스』라는 책은 스트레스의 기원과 의미를 탐구하는 내 작업에 정말 큰 영향을 끼쳤다. 책 내용은 여러 측면에서 나를 놀라게 했고, 내 머릿속에서 모빌 인형처럼 계속 빙글빙글 돌았다. 스트레스는 수년 농안 잘못된 평판을 받아 왔고, 많은 연구지들이 셀리에의 연구 때문에 우리가 생명을 구원하는 신체 반응이라는 고대 그리스인의 개념대로 스트레스를 보지 않는다고 이야기한다. 게다가 '스트레스'라는 단어가 다른 어떤 용어보다 많은 혼란을 일으킨 출발점은 실제로 한 학자의 웅얼거리는 발음이었다. **스트레스를 둘러싼 부정확성과 오해 때문에 생긴 몇 가지 '가정'이 더 있지 않을까?**

좋은 스트레스와 나쁜 스트레스 이야기

"어떤 것도 그 자체로는 선하지도 악하지도 않다. 생각이 비로소 그렇게 만든다."

— 윌리엄 셰익스피어, 『햄릿』, 2막 2장

"뇌동맥류로 롤러코스터 탑승자 사망". 2001년 9월 5일 『로스앤젤레스타임스』가 전한 헤드라인이다. 저스틴 데델 볼리아라는 20세 여성에 관한 기사였다. 이 젊은 여성은 놀이공원을 좋아했고 롤러코스터도 이미 여러 차례 타봤다. 그러나 캘리포니아 뷰에나파크 놀이공원에서 즐긴 '몬테수마의 복수'가 마지막이었다. 몬테수마의복수는 승객이 박쥐처럼 거꾸로 매달린 채 여러 루프를 빠르게 달리는 롤러코스터다. 볼리아는 롤러코스터에 탑승했다가 오후 7시경 의식을 잃었다. 담당 의사는 이 젊은 여성이 뇌동맥류 파열로 즉사했다고 확인했다. 뇌동맥류란 뇌혈관이 팽창했다는 뜻이다. 혈관이 팽창해서 파열하면 생명을 위협하는 출혈이 발생할 수 있다.

이 젊은 여성은 아주 잠깐 자유낙하에서 오는 아드레날린 폭발을 맛보았다. 그리고 다음 순간 의식을 잃고 좌석 안전바에 축 늘어졌다. 볼리아 사건은 정말 비극적이다. 좋은 스트레스(롤러코스터의 짜릿한 환희)와 나쁜 스트레스(뇌동맥류)가 서로 얼마나 가까운지를 보여주는 인상적인 사례다. 그런데 스트레스를 그렇게 쉽게 좋은 것과 나쁜 것으로 나눌 수 있을까? 아니면 '좋은' 스트레스와 '나쁜' 스트레스라는 개념 자체가 무의미할까?

모든 것은 시간에 달렸다

셀리에는 거의 40년에 걸쳐, 모든 스트레스 반응이 실험쥐에게 나타나는 것처럼 반드시 극적이지는 않을 수 있다는 생각을 밝혔다. 그는 나아가 스트레스 요인의 강도뿐 아니라 지속 시간도 중요하다는 점을 깨달았다. 스트레스 반응은 또한 생명체마다 다르다. 모든 유기체가 다르게 반응한다. 그래서 1970년대 초에 셀리에는 다양한 스트레스 요인이 일으키는 반응을 구별하기 위해 '유스트레스Eustress'와 '디스트레스Disstress'라는 용어를 도입했다.

유스트레스는 '좋다'라는 뜻의 그리스어 'Eu'에서 왔다. 디스트레스는 '아니다' 또는 '나쁘다'로 번역되는 라틴어 'Dis'에서 왔다. Euphoria(희열) 또는 Dissonance(불협화음) 같은 단어에도 Eu와 Dis의 의미가 담긴다.

프랑크푸르트의 야생토끼들이 나보다 더 잘 지내는 까닭을 혹시 디스트레스와 유스트레스에서 찾을 수 있을까? 토끼들이 긍정적 스트레스를 더 많이 받던 시간에 나는 부정적 스트레스를 받았던 걸까?

디스트레스와 유스트레스를 구분한 성과는 셀리에의 연구 경력에서 손꼽히는 중요한 업적이다. 그러나 셀리에는 같은 실수를 두 번 저질렀다. 자신이 만든 신조어를 명확하게 정의하지 않아서 또 혼란을 불러왔다. 유스트레스를 외부에서 오는 긍정적 스트레스 요인이라고 하는가 하면, 어떨 때는 내부에서 생기는 신체 반응으로 설명하기도 했다. 셀리에는 분명하게 밝히지 않았다. 예를 들어 결혼식에서 느끼는 행복감이 유스트레스일까? 아니면 결혼식 자체가 유스트레스일까? 게다가 그는 스트레스에 다양한 유형이 있을 수 없다고 모순되게 이야기했다. 두 스트레스 유형 모두 신체에 정확히 똑같은 효력을 낸다. 다만 생명체가 **스트레스에서 무엇을 끌어내느냐**에 따라 달라진다.

나 역시 회의적이었다. 또 다른 정보를 찾던 중에 「유스트레스와 디스트레스: 좋고 나쁜 것이기는커녕 오히려 같다?Eustress and Distress: Neither Good Nor Bad, but Rather the Same?」라는 제목의 과학 기사를 발견했다. 율리 비네르토바바스쿠라는 의사가 작성한 리뷰를 다루는 기사였다. 체코 브르노에 있는 마사리크대학교 교수인 비네르토바바스쿠는 그 리뷰에서 유스트레스나 디스트레스 같은 건 존재하지 않는다고 주장했다. 대담한 발언이다! 그의 주장은 옳을까?

비네르토바바스쿠는 유스트레스와 디스트레스를 주제로 2020년 2월 6일까지 출간된 간행물을 조사했다. 그랬더니 조사 결과 자체가 답을 보여주었다. 디스트레스를 다루는 자료는 24만 6726개에 달했는데, 유스트레스 관련 자료는 276개에 그쳤다. 세상에, 나쁜 스트레스를 추적하는 연구가 894배나 더 많았다. 분명 간행물 수에서 불균형이 드러났다. 왜 그럴까?

하기야 조사해야 할 대상이 뭔지 뚜렷하게 모르는데 어떻게 연구를 한단 말인가? 셀리에가 사망한 뒤에도 유스트레스와 디스트레스를 제대로 정의한 사람이 없었다. 나쁜 스트레스가 질병을 유발하고 실험에서도 얼마간 잘 측정된다는 의견이 일반적이다. 하지만 긍정적 스트레스는 어떻게 측정할 수 있을까? 비네르토바바스쿠 역시 어떤 스트레스 요인이 좋은 스트레스 반응 또는 나쁜 스트레스 반응을 유발하는지 말하기란 불가능하다고 여겼다. 그는 심지어 유스트레스와 디스트레스라는 용어를 없애야 한다고 주장했다. 그가 보기에 언론, 정치, 의료 시스템이 스트레스를 좋은 스트레스와 나쁜 스트레스로 구분해 우리에게 파는 행태는 위험한 흑백논리였다. 유스트레스와 디스트레스 개념이 시대에 뒤처졌다고 생각하는 학자는 그만이 아니다. 마치 롤러코스터를 탄 듯, 이 개념을 둘러싼 논란은 격렬하다. 비네르토바바스쿠는 다음 시나리오를 들어 이 문제를 설명했다.

사례 1: 투자 분야에서 일하는 40세 은행가 스티브라는 이가 있다고 하자. 스티브는 여러 회사를 운영한다. 최고급 승용차를 몰고 보유한 현금도 엄청나다. 그는 열심히 일한 덕분에 성공을 거뒀다. 하지만 압박감을 견디기 위해 수년 전부터 코카인을 복용했다. 스티브는 그 일이 건강에 해롭다는 점, 자신이 60세까지밖에 살 수 없다는 점을 잘 안다. 그러나 그는 성공이 더 중요하다. 스티브는 47세에 일찍 심장마비로 사망한다. 언뜻 보면 코카인이 스티브의 관에 못을 박았고, 이를 부정적 스트레스 요인으로 여길 수 있다. 그러나 다시 보면 약물 남용 덕분에 그는 무척 생산적이고 기민하게 생활할 수 있었다. 수명이 아니라 초인적으로 열심히 일한 측면에 초점을 맞추면, 코카인을 단순히 부정적 스트레스 요인으로 낙인찍을 수 없다. 코카인은 스티브가 직업상 성공과 부를 일구는 데 도움이 되었다.

사례 2: 동료들에게 괴롭힘을 당해 우울증을 앓는 25세 남자가 있다. 분명 당신은 괴롭힘은 명백한 부정적 스트레스 요인이므로 당연히 디스트레스를 유발한다고 말할 것이다. 언뜻 생각하면 그렇다. 괴롭힘 때문에 결국 이 청년(톰이라고 하자)이 우울증을 앓게 되었으니까. 톰은 점점 자신을 고립시키고, 진지하게 퇴사를 고민한다. 그러나 이 자리는 보수가 괜찮고 특히 톰은 자기 일을 좋아한다. 톰은 실력 있는 치료사에게 돈을 쓰기로 결심한다. 치료사는 톰이 괴롭힘을 이겨내도록 도와줄뿐더러 자존감을 높이는 방법도 알려준다. 톰은 열심히 운동하고 더 건강하게 살기 시작한다. 자, 톰을 괴롭히는 동료들을 두고 당신은 뭐라고 하겠는가? 그들은 여전히 부정적 스트레스 요인인가?

당신의 생각이 스트레스를 만든다

율리 비네르토바바스쿠의 리뷰를 읽은 뒤에 나는 조사를 잠시 접고 며칠간 쉬었다. 비네르토바바스쿠의 관점을 일단 소화해야 했다. 비네르토바바스쿠의 리뷰는 '스트레스 두 형제' 연구에 담긴 지식 불균형이 아주 크다는 명백한 증거였다. 지식 불균형의 원인은 급진적일 만큼 간단하다. 스트레스 두 형제는 사실 둘이 아니라 하나다!

특히 괴롭힘 피해자 톰의 사례는 셀리에의 오랜 주장을 명확히 보여준다. "우리를 죽이는 실체는 스트레스가 아니라, 우리가 거기에 보이는 반응이다." 게다가 셰익스피어도 이미 알았듯이, 오직 인간의 생각만이 사물을 좋고 나쁨으로 가른다. 스트레스는 그냥 스트레스다. 좋은 스트레스인지 나쁜 스트레스인지는 보는 사람의 관점에 달렸다.

나는 생물학자로서 이 모든 것을 온전히 수긍할 수 있었다. 삶은 무척 복잡해서 삶에서 일어나는 모든 사건의 결과를 일일이 예측할 수 없다. 그리고 여기서 시간이 큰 역할을 한다. 어린 야생토끼에게 담비는 치명적으로 위험하다. 그러나 야생토끼가 커 길수록 담비의 위험은 줄어든다. 똑같은 스트레스 요인이 끼치는 영향은 세월과 함께 변할 수 있다. 그러므로 도시토끼가 나보다 더 많이 긍정적 스트레스를 받는지 정말로 알아보려면, 동물을 제각각 24시간 내내 관찰해야 한다. 게다가 토끼들이 제각각 보이는 신체 반응도 전부 지켜봐야 한다. 모든 개별 세포의 화학 성분과 유전자 정보를 알아야 한다. 동시에 토끼에게 영향을 끼치는 모든 스트레스 요인의 지속 시간과 강도를 기록해야 한다. 단 하루, 일주일, 1년이 아니라 토끼의 일생 전체를 관찰해야 한다. 연구 자금을 최대로 투입하더라도 구현할 수 없는 어려운 연구다.

여러 달 조사한 끝에 나는 스트레스 개념에 관련한 여러 맥락을 배웠다. 지금까지 내가 얻은 가장 큰 통찰은 내가 예전에 스트레스와 관련해 생각했고 알았던 거의 모든 내용이 헛소리였다는 사실이다. 스트레스는 외부에서 오지 않고, 좋은 것도 나쁜 것도 아니며, 피할 수도 없다. '외부 요구에 생명체가 보이는 불특정한 반응'이라는 셀리에의 정의조차 석연치 않았다. 그러나 다행히 계속 탐색해보고 싶은 단서가 하나 남았다. 조사하는 동안 나는 여러 차례 '항상성'이라는 용어를 만났다. 스트레스는 항상성이 무너지면 신체가 보이는 반응이라는 내용을 읽었다. **여기에 스트레스 성배가 묻혀 있을까?**

항상성, 작은 균형들이 만드는 큰 균형

"평온을 추구하되, 활동 중단이 아닌 활동의 균형을 통해 얻으려 노력하라."
– 프리드리히 실러

2021년 춥고 눅눅한 겨울이 지나고 다시 조금씩 낮이 길어지고 있었다. 나는 밤이 긴 계절을 의미 있게 활용했고 스트레스 연구에도 진전이 있었다. 이제 한숨 돌리며 다시 사람들과 어울릴 시간이었다. 나는 베를린 프렌츠라우어베르크에 있는 내 단골 메탈 음악 클럽에서 친구들과 만나기로 했다. 그곳에는 그곳만의 독특한 분위기가 있다. 좋은 음악이 흐르고 사람들이 친절하며 가격도 적당하다. 마침내

○

그곳에서 다시 저녁을 보낼 날을 얼마나 고대했던가.

친구들을 만나러 클럽으로 가는데 문득 '항상성'이라는 용어가 다시 떠올랐다. 하필 지금? 어쩌랴, 스위치를 완전히 *끄기*에는 생각할 거리가 너무 많은 것을. 유기체의 수많은 작은 내부 균형에서 항상성이 생긴다는 내용이 떠올랐다. 심장은 혈압을 안정시킨다. 간은 혈당을 안정시킨다. 신장은 수분 함량을 안정시킨다. 이런 시스템 각각이 협력해서 중요한 신체 균형, 즉 항상성을 유지한다. 항상성은 클럽에도 중요하기에, 그곳으로 가는 길에 내가 했던 이런저런 생각은 완전히 옆길로 *빠진* 엉뚱한 상념이 결코 아니었다.

메탈 클럽에서 항상성이 유지되려면, 여러 개별 요소가 계속해서 안정적으로 유지되어야 한다. 맥주와 실내 온도를 예로 들어보자. 둘 다 일성하게 유시해야 하지만, 수치는 다르다. 맥주 온도는 냉장고에서 7도로 유지된다. 동시에 실내 온도는 에어컨 덕분에 쾌적한 20도를 유지한다. 냉장고와 에어컨 모두 온도조절기가 설정된 값에 맞춰 자동으로 온도를 조절한다. 실내와 맥주의 온도가 같다면 이 클럽은 곧 망할 것이다. 손님들은 미지근한 맥주를 마시고 싶지 않거니와 얼어붙은 엉덩이로 춤을 추고 싶지도 않다. 적합한 음악 역시 중요한 상수다. 전통 민요를 들으러 메탈 클럽에 가는 사람은 없을 테니까.

생명체는 환경과 교류하는 과정에서 항상성을 위협받는다. 도넛을 먹었을 때 간이 적절히 나서지 않으면 혈당이 급격히 상승한다. 클럽도 마찬가지다. 건물 문 안팎은 조건이 완전히 다르다. 건물 바깥은 더 덥거나 더 춥다. 물과 술도 안정적으로 공급되지 않는다. 손님이 남긴 쓰레기가 곧바로 치워지지도 않는다. 반면 클럽 내부에는 쾌적한 온도와 충분한 산소를 보장하는 설비가 있다. 환기 시스템이 재빠르게 악취를 제거한다. 에너지도 안정적으로 공급된다.

생명체와 마찬가지로 메탈 클럽에도 이런 내부 균형을 관리하고 유지하는 '기관'이 있다. 바텐더가 냉장고 문을 꼼꼼하게 닫지 않으면 시원한 맥주는 금방 끝장날 것이다. 모든 직원과 주인은 매일 클럽에서 무슨 일이 일어나는지 낱낱이 파악하고 있어야 한다. 손님이 몇 명이나 들어왔지? 재고 음료는 몇 개나 될까? 화장실에 문제는 없나? 어딘가에서 실젯값이 목푯값을 벗어나면 운영 팀이 개입해 조절한다. 그들이 바로 클럽의 심장, 간, 신장이다. 이 모든 것이 항상성을 유지해야 클럽은 최적으로 운영된다.

나는 이런 멋진 비유를 발견해서 기뻤고, 이 구상을 내 책에 쓸 생각에 마음이 설렜다. 그러나 이날 저녁 나는 뭔가 다른 걸 생각해야 했다. 친구들과 나는 굳게 닫힌 클럽 문 앞에 섰고, 실망이 이만저만 아니었다. "내부 수리를 위해 6주간 휴업합니다." 언짢은 기분으로 우리는 발길을 돌렸고 결국 다른 술집으로 갔다.

그러나 메탈 클럽의 운명이 나를 놓아주지 않았다. 휴업은 수리 때문이 아닌 것 같았다. 뭔가 특별한 일이 있는 듯했다. 아마도 클럽이 **스트레스를 엄청 받아서**, 주인이 6주간 문을 닫았을 것이다. **항상성이 작동하지 않으면 그것이 스트레스다. 이것이 바로 내가 찾던 개념 정의일까?**

○

수프 건더기와 원시 바다

이 질문에 대답하려면 '스트레스'라는 용어를 처음부터 다시 살펴야 한다.

항상성이라는 단어는 20세기부터 사용했다. 균등을 뜻하는 두 고대 그리스어 **호모이오스**와 **스타시스**를 합쳐서 만든 단어다. 항상성의 어원은 나를 다시 고대 그리스로 데려갔다. 두 어원이 항상성의 기본 아이디어를 말해주었다.

그리스 철학자 엠페도클레스는 우주 전체가 흙, 물, 공기, 불로 구성되었다고 보았다. 엠페도클레스에 따르면 개별 세포부터 몸 전체까지 모든 물질은 이 네 가지 요소의 정확하고 조화로운 혼합이고, 이 혼합이 균형을 유지할 때만 물질은 안정을 이룬다.

그리스 의사 히포크라테스와 그의 사위, 그리고 오늘날 누구인지 정확히 알 수 없는 여러 사람들이 5세기 말에 엠페도클레스의 생각을 생명체로 확장했다. 갈렌이라고도 불리는 페르가몬 출신 갈레노스는 2세기에 한 단계 더 나아갔다. 그는 '네 가지 체액이 균형'을 유지할 때만 몸이 건강하다고 주장했다. 그렇게 체액병리학이 완성되었다. 네 가지 체액은 혈액, 점액, 황담즙, 흑담즙이다. 혈액은 심장, 점액은 뇌, 황담즙은 간, 흑담즙은 비장이 담당한다. 이 네 가지 체액의 비율이 서로 적절해야만 신체는 조화로운 상태가 된다. 자연의 파괴적 힘이 때때로 이 균형을 무너트리는데, 그러면 질병이 등장한다. 이런 질병이 바로 모든 유기체에 내재한 자연 치유력이다. 질병은 자연의 파괴적 힘에 맞서 싸워 균형을 되찾아오는 영웅이다.

19세기 초, 프랑스 생리학자 클로드 베르나르는 모든 생명체는 '내부 환경'이 있다고 확신했다. 내부 환경이 일정하게 유지될 때 생명체는 주변 환경에서 독립해 자유롭게 살 수 있다. 일정하게 유지되는 내부 환경이라는 발상은 분명 생명체의 건강이 내부 균형에 달렸다는 히포크라테스의 생각에서 출발했을 것이다.

지구 최초 세포들의 내부 환경은 아마도 그네들 수중 환경과 일치했을 것이다. 외부와 내부가 일치했다. 삶이 더 복잡해지고 삶의 터전이 육지로 올라가면서, 환경도 달라졌다. 내부의 세포들이 생존하기에는 외부 환경의 물이 부족했다. 그래서 베르나르는 내부에 물이 있고 세포가 수프에 뜬 건더기처럼 그 물에 떠 있다고 가정했다. 내부의 물은 세포에 영양분을 공급할뿐더러 외부 영향을 막아주는 완충재 구실도 해서, 내부 환경이 외부 환경과 별개로 독립된 삶을 이어 가게 돕는다. 수프 건더기는 접시 가장자리에 부딪혀도 부서지지 않고 수프 속에서 생생하게 살아 둥둥 떠다닌다.

오늘날 우리가 알고 있듯이, 베르나르의 내부 환경 가설은 정확했다. 신체의 모든 세포는 림프액, 혈장, 간질액 같은 액체로 둘러싸여 있다. 생명이 발생하는 이 액체에는 수프와 마찬가지로 '성분 목록'이 있다. 수분, 공기, 영양소의 함량이 소수점 이하까지 정확히 지정된다. 놀랍게도 간질액, 그러니까 세포 사이에 있는 액체 성분은 1억 년 전 바닷물 성분과 비슷하다. '수프'의 일정한 성분 덕분에 세포의 모든 과정은 육지에서도 작동할 수 있다. 수프에는 나트륨, 칼륨, 칼슘 같은 염분이 들어 있다. 우리 안에 원시 바다가 있다. 이 얼

○

마나 아름다운 상상인가!

당시에 이미 베르나르는 생명체가 열린 시스템이라는 사실을 알았다. 단세포생물, 곰팡이, 식물, 동물은 모두 환경과 끊임없이 교류한다. 음식이 들어오고 쓰레기가 나간다. 고대 그리스인과 유사하게 베르나르는 환경과 교류하는 기능과 별개로 내부 환경의 균형을 유지하는 힘이 틀림없이 신체에 있다고 생각했다. 신체에 그런 힘이 없다면 우리가 아침에 마시는 커피나 차 한 잔마저도 치명적일 것이다. 갓 끓인 커피나 차는 체액보다 훨씬 뜨겁다. 뜨거운 커피를 여러 잔 마셔도 열병으로 죽지 않게 하는 뭔가가 우리 안에 확실히 있다.

조사 작업이 여기까지 진전되었을 때 나는 이 주제를 더 깊이 파고들기 위해 책 한 권을 더 주문했다. 월터 브래드퍼드 캐넌이 1932년에 출산한 『신체의 지혜The Wisdom of the Body』. 캐넌은 그리스인들과 베르나르의 생명 균형 개념을 20세기 초에 더욱 발전시킨 미국 생리학자다. 철도 노동자의 아들로 태어나 하버드대학교에서 생물학을 공부한 다음 하버드 의과대학에서 동물의 작동 원리를 연구했다. 캐넌은 체내에 무수히 많은 내부 환경이 있다고 가정했다. 이런 내부 환경은 간, 신장, 심장 같은 기관에서 유지한다. 그렇게 수많은 개별 내부 환경이 거대한 균형을 이룬다. 그것이 곧 항상성이다. 항상성이라는 용어를 처음 사용한 사람이 바로 캐넌이다.

정말로 그럴듯한 설명이다. 그러나 중요한 질문의 답은 아직 나오지 않았다. 스트레스는 항상성과 어떤 관련이 있을까? 내부 환경과 항상성이 방해받을 때마다 스트레스가 발생할까? 만약 그렇다면 우리는 모두 끊임없이 스트레스를 받을 것이다. 한 입 먹을 때마다, 한 모금 마실 때마다, 숨 쉴 때마다 내부 환경은 위험에 빠진다. 메탈 클럽에 빗대어 본다면 손님 한 명 한 명이 스트레스를 유발하는 사건일 터다. 손님들이 맥주를 마셔 없애고 화장실을 이용하기 때문이다. 스트레스가 사사건건 어깨를 짓누르면 사는 게 두려울 수밖에 없다.

신체의 영리한 운영 체계

캐넌은 신체 내부의 균형이 약간 깨진다고 해서 곧바로 죽음에 이르는 건 아니라는 점을 알고 있었다. 몸에는 내부 환경을 유지하는 복잡한 피드백 시스템이 있는 것 같다고 그는 생각했다. 단순하게 말하면 이 시스템은 난방 시스템과 같다. 온도조절기에 실내 온도를 쾌적한 20도로 설정한다. 이것이 목푯값이다. 내장된 온도계가 '센서' 구실을 하며 실내 온도, 그러니까 실젯값을 측정한다. 실젯값이 목푯값 아래로 떨어지면 온도조절기가 보일러에 신호를 보낸다. 보일러는 이제 실젯값이 목푯값에 도달해서 온도계가 다시 20도를 측정할 때까지 열을 방출한다. 목푯값에 도달하면 즉시 온도조절기가 신호를 보내고 보일러는 다시 꺼진다. 문이나 창문으로 외풍이 들어와 쾌적한 실내 온도를 아무리 뒤바꿔놓더라도 이렇게 영리한 제어회로가 실내 온도를 꾸준히 일정하게 유지한다.

이제 생명체에 그런 '조절기'와 '센서'가 아주 많이 있다고 상상해보라. 무수히 많은 신경세포가 세포 안팎과 세포 사이사이 온도,

염도, 피에이치(pH) 등 수많은 목푯값을 확인한다. 모든 실젯값이 목
푯값 범위 안에 있을 때만 전체 균형, 즉 항상성이 생긴다. 실젯값이
목푯값을 벗어나면 즉시 신경세포가 반응한다. 심지어 신경계가 없
는 박테리아, 식물, 곰팡이에도 항상성을 유지하는 제어회로가 있다.

　　인간 혈액의 피에이치 같은 몇몇 내부 균형은 융통성도 없고 장
난도 모른다. 혈액의 피에이치 목푯값은 7.4다. 위아래로 0.04 정도
만 벗어나도 의학적으로 이상 상태다. 반면 혈액의 산소 함량이나 체
온은 다소 큰 폭으로 목푯값에서 벗어나더라도 항상성을 위협하지
않는다. 특히 환경조건이 바뀌면 생명체는 새로운 목푯값을 '저장'할
수도 있다. 예를 들어 실내가 몹시 덥다 싶으면 온도조절기의 목푯값
을 더 낮춰 설정하는 것과 같다.

　　스트레스의 아버지 한스 셀리에도 새로운 녹푯값이 저상된 현
상을 목격했다. 그의 실험에서 살아남은 쥐들은 나중에 똑같은 스트
레스 요인에 덜 격렬하게 반응했다. 놀랍게도 이 쥐들은 실험 이전
보다 더 튼튼해졌다. 이런 새로운 상태를 셀리에는 **헤테로스타시스**
Heterostasis라고 불렀다. **헤테로**hetero는 '다르다', **스타시스**stasis는 '안정
적'이라는 뜻이다. 셀리에는 독을 주입하면 신체가 자체 치유력을 동
원한다고 확신했다. 이런 발상은 의학에서 충격요법의 기초가 되기
도 했다. 충격요법은 '나를 죽이지 못하는 것은 나를 강하게 만든다'
는 모토를 따른다. 이는 메탈 클럽에 수해가 나거나 강도가 들면 나
중에 완전히 새로 고쳐야 하는 상황과 같다. 수해나 강도 사건이 비
록 운영 중인 가게에 끔찍한 영향을 끼치지만, 리모델링 작업으로 전

체 상태는 더 좋아진다. 세련된 가구에 개선된 보안 시스템과 신형 스피커. 메탈 클럽 2.0 버전은 아마도 예전보다 장사가 훨씬 잘될 것이다.

그렇더라도 유기체에 작용하는 요구가 너무 크면 어떻게 될까? 주인이 돈이 없어 가게를 리모델링 할 수 없다면? 뉴욕 록펠러대학교 생물학자 브루스 맥웬은 이때를 스트레스가 발생하는 순간이라고 보았다. 맥웬과 동료 엘리엇 스텔라는 1993년 '이상성 부하(알로스타틱 부하)'라는 개념을 고안했다. 미국 펜실베이니아대학교 생물학자인 피터 스털링과 조지프 아이어가 1988년 처음 소개한 용어 **알로스타시스**allostasis에서 파생한 개념이다. 알로스타시스는 변화를 통한 안정성을 의미하는데, 그리스어로 **알로**allo는 '변하다', **스타시스**stasis는 헤테로스타시스에서와 같이 '안정적'이라는 뜻이다. 따라서 '변화로 안정성을 달성한다'가 가장 적합한 표현일 듯하다.

생명체가 생존을 위해 목푯값을 계속 변경해야 한다면 신체가 마모될 것이다. 그 점은 내 단골 메탈 클럽에도 적용할 수 있다. 이번에는 클럽 주인에게 리모델링을 감당할 재정 여유가 있었지만 클럽이 몇 주나 문을 닫으며 수입에 구멍이 생겼다. 다음에 또 이런 일이 생기면 그때는 주인이 수입 없이 버틸 만한 재정 여유가 없을 수도 있다. 그만큼 이상성 부하가 무척 클 수 있다. 자연에서도 마찬가지다. 부과되는 요구가 너무 크면 생명체는 모든 에너지를 생존에 쏟아야 한다. 번식이나 성장에 쓸 에너지가 없어지고 스트레스가 발생한다.

그렇다면 추운 겨울에 아무것도 하지 않고 동면에 들어가는 동물들은 어떨까? 고슴도치, 다람쥐, 겨울잠쥐, 이들은 모두 동면 중에 신체 기능을 최소한으로 줄인다. 그러면 체온 목푯값이 다른 기간과 크게 달라진다. 양서류와 파충류도 추위에 경직되는 방식으로 잠시 삶을 멈춘다. 뱀, 도마뱀, 개구리의 몸에는 매년 이런 극적인 변화가 일어난다. 그들은 여기에 적응하고, 심지어 이 기간을 위해 준비한다. 추위에 얼지 않기 위해 어떤 동물들은 일종의 부동액을 생산한다. 몸에 얼음이 들지 않게끔 막는 알코올, 당, 단백질이 체내에서 만들어진다. 얼음개구리라고도 알려진 송장개구리Rana sylvaticus는 영하 18도의 알래스카에서 최대 7개월 동안 생존할 수 있다. 계절에 따라

송장개구리 별명이 괜히 '얼음개구리'가 아니다. 이 개구리는 영하 18도로 추운 알래스카에서 최대 7개월 동안 생존할 수 있다.

목푯값이 극단적으로 바뀌는 현상에서 나타나는 이런 예외를 **레오스 타시스**Rheostasis라고 한다. 이런 예외 때문에 정상 상태와 스트레스 상태가 무엇인지 이해하기가 어렵다.

스트레스와 비슷하게, 항상성도 캐넌이 사망한 이후에 또 다른 의미를 추가로 얻었다. 일부 생물학자는 수많은 내부 균형을 유지하는 운영 체계 자체를 항상성이라고 본다. 내 생각을 묻는다면……, 캐넌의 개념이 가장 의미 있는 것 같다. 항상성은 무수히 많은 작은 내부 환경이 합쳐진 커다란 균형이다. 당연히 이런 내부 환경과 항상성은 고정되어 있지 않다. 생명체가 생존하려면 목푯값을 변경할 수 있어야 하고, 변경해야 한다.

메탈 클럽이 리모델링을 하고 다시 문을 열었을 때, 나는 주인에게 정확히 무슨 일이 있었는지 물었다. 수도관이 터져서 클럽 전체가 물에 잠겼었다고 한다. 멋진 나무 마루가 죄다 망가졌고, 사운드 시스템은 고철이 되었다. 손해액만 수천 유로에 달했는데, 다행히 보험금이 나왔다. 주인은 솜씨 좋은 기술자들을 불러 리모델링 공사를 진행하고 새로운 음악 설비를 마련했다. 이제 클럽은 새것들로 반짝반짝 빛났고 최신 사운드 시스템도 갖췄다. 이렇듯 메탈 클럽에서도 항상성은 고정되지 않고 헤테로스타시스처럼 유연하다. 수해는 의심의 여지 없이 클럽의 전체 균형을 망쳐놓았다. 주인과 직원으로 구성된 클럽 운영 체계는 자체적으로 균형을 되찾을 수 없었다. 그러기에는 피해가 너무 컸다. 클럽을 다시 운영하려면 부지런한 기술자들과 보험사에서 지급하는 보험금이 필요했다. 하! 이것이 핵심이다. 정상적인 운영 체계가 항상성을 유지하지 못하면 언제나 스트레스가 발생한다.

위기에서 늘 도망만 치는 건 아니다

"구멍이 하나밖에 없는 불쌍한 여우."

– 독일 속담

생리학자 월터 브래드퍼드 캐넌은 항상성으로만 유명해진 게 아니나. 그는 1897년 하버드 의과대학에 재학하던 중 흥미로운 관찰을 했다. 고양이의 엑스레이를 촬영하는데 고양이가 불안해하거나 겁에 질릴 때마다 위장이 운동을 정지했다.

당시 캐넌한테는 이 질문에 답변할 수 있는 장비가 현미경, 혈압 측정기, 엑스레이뿐이었다. 그래도 세상을 강타할 연구에 그거면 충분했다. 그는 실험동물이 두려움에 질리면 근육이 팽팽해지는 것을 감지했다. 동물의 심장박동이 빨라지는 소리도 들었다. 엑스레이 사진에서 소화가 느려지는 현상도 확인했다. 캐넌은 실험동물 혈액에서 혈당이 상승하고 적혈구가 증가한 상태를 입증할 수 있었다. 고양이가 흥분을 가라앉히자 신체 반응도 정상으로 돌아왔다.

33년간 연구에 집중한 끝에, 그사이 연륜 있는 의사가 된 캐넌은 동료들과 함께한 작업을 모아『고통, 배고픔, 공포, 분노가 일 때 나타나는 신체 변화Bodily Changes in Pain, Hunger, Fear and Rage』라는 책으로 발표했다. 캐넌이 초기에 관찰한 결과는 반짝 성공이 아니었다. 실험을 총 42건 진행하며 실험동물과 피험자 들이 겁에 질리면 항상 비슷하게 반응한다는 사실을 입증했다. 소화가 느려졌다. **이런 반응은 정상적인 운영 체계의 일부일까, 아니면 스트레스 현상일까?**

도주 또는 투쟁 반응

캐넌은 연구하는 과정에서 생명체의 도주 또는 투쟁 반응을 발견하고, 이를 위험 상황에서 생명체가 항상성을 유지하기 위해 즉각 드러내는 반응이라고 여겼다. 그는 그렇게 생물학에서 스드레스 연구의 토대를 마련했고, 뒤를 이어 셀리에가 길을 닦았다.

도주 또는 투쟁 반응은 한스 셀리에가 쥐 실험에서 관찰한 세 단계 중 첫 단계다. 그는 이를 **경고 단계**라고 불렀다. 경고 단계는 충격과 반격으로 구성된다. 충격은 셀리에가 쥐에게 포르말린 같은 '이물질'을 주입했더니 즉시 발생했다. 포르말린은 축구 경기장에 난입한 훌리건처럼 쥐의 체내에서 폭동을 일으켰다. 점막에서 피가 흐르고, 장기들이 오작동하고, 신경이 마비되었다. 결과: 쥐의 운영 체계가 완선히 통제 물능 상태가 된다. 이제 반격의 시간이다. 경찰이 출동해서 훌리건을 진정시키려고 애쓰듯이, 쥐의 체내에서 부신이 출동한다. 부신은 덩치를 키우고 전달물질을 방출해서 재빠르게 도주 또는 투쟁 반응을 보이게끔 신체를 준비시킨다. 그러나 이물질 양이 지나치게 많으면 쥐는 몇 시간 뒤에 죽었다.

쥐가 경고 단계에서 살아남으면, 다음으로 **저항 단계**가 이어졌다. 이 단계에서 정비가 진행된다. 신체는 포르말린으로 발생한 손상을 복구한다. 수해를 겪고 나서 클럽이 리모델링을 한다든지 훌리건이 물러난 뒤에 축구장을 대대적으로 청소하는 것과 같다. 그리하여 새롭게 균형이 잡힌다. 그러나 청소에는 시간과 에너지가 든다. 때문에 저항 단계에서 쥐의 신체는 활동을 최소한으로 제한했다. 성장과 번식일랑 생각조차 할 수 없다.

셋째 단계를 셀리에는 **소진 단계**라고 불렀다. '이물질'을 오래 투입하면 아무리 강한 쥐라도 결국 쓰러졌다. 동물이 쓰러지기 전까지 신체는 사용할 수 있는 비축 에너지를 모조리 동원했다.

첫째 단계인 도주 또는 투쟁 반응은 현재 연구가 상당히 진행된 상태다. 인간을 포함한 척추동물의 뇌에는 시상하부라는 영역이 있다. 시상하부는 보일러의 온도조절기와 같다. '신체'라는 방의 수많은 실젯값 정보가 끊임없이 이곳으로 들어온다. 시상하부의 '센서'는 신경세포다. 신경세포들이 체온, 피에이치, 혈압 등의 정보를 전달한다. 실젯값이 목푯값과 일치하지 않으면 시상하부가 재깍 개입한다. 시상하부는 음식과 물의 섭취, 수면 리듬, 생식 활동을 조절한다.

시상하부는 감각기관으로 신체 외부에서 일어나는 일도 감지한다. 포식자가 몰래 접근해 오면 시상하부가 즉시 경보를 울린다. 포식자가 항상성을 깡그리 무너트릴 수 있다. 이제 목숨이 위태롭다!

시상하부는 부리나케 신경계를 거쳐 이런 메시지를 부신수질로 보낸다. "포식자가 온다. 목숨이 위태롭다. 아드레날린과 노르아드레날린을 즉시 방출하라."

부신은 신장 위에 작은 모자처럼 얹혀 있다. 부신 겉쪽에 피질이, 안쪽에 수질이 있다. 부신은 시상하부가 보내는 긴급 메시지에 즉시 반응하며 수질에서 아드레날린과 노르아드레날린을 혈류에 방출한다. 이 두 전달물질은 에너지를 동원하는 주된 임무를 수행하며, 이제 신체의 에너지 저장고에 요청 사항을 전달한다. 그러면 간은 저장해 둔 당을 방출해야 한다. 나는 간의 당 저장고를 떠올릴 때면 언제나 진주 목걸이처럼 생긴 설탕 구슬 목걸이가 상자 안에 쌓인 모습을 상상한다. 요청을 받은 간은 이제 상자에서 목걸이를 꺼내 설탕 구슬을 알알이 풀어 혈류로 보낸다. 설탕 구슬은 혈류를 타고 근육, 심장, 뇌에 도달한다. 간의 지방 저장고 역시 저장해 둔 지방을 소화하기 쉬운 형태로 혈류에 보낸다. 다른 저장 세포에서 방출한 다른 여러 설탕 구슬과 지방산까지 합세해서 이제 신체는 도주하거나 투쟁하기에 충분한 에너지를 확보한다.

아드레날린과 노르아드레날린은 심장을 빨리 뛰게 하고 허파꽈리를 부풀린다. 허파꽈리가 클수록 산소가 많이 들어갈 수 있다. 심장은 빨리 뛰는 만큼 더 많은 산소를 곧장 폐에서 뇌, 심장, 골격근으로 운반한다. 이때 아드레날린과 노르아드레날린이 밀려드는 혈액에 공간을 마련해주기 위해 혈관을 확장하고, 피부와 내장의 혈관을 수축시킨다. 그래서 얼굴이 창백해지고 배가 차가워진다. 더불어 혈액

응고도 최적화된다. 도주 또는 투쟁 반응이 일어나는 동안 혈소판이 재빨리 서로 엉킨다. 상처가 나더라도 혈액이 더 빨리 응고되기 때문에 출혈도 금방 멎는다.

아드레날린과 노르아드레날린은 짧은 시간 동안만 기능이 작용하도록 만들어졌다. 그래서 상황이 누그러지지 않고 계속되면 시상하부는 지원을 요청해야 한다. 이번에는 뇌하수체에 또 다른 메시지를 보낸다. "뇌하수체야, 이러다간 곧 지옥문이 열리겠어. 서둘러 ACTH(부신피질자극호르몬)를 혈액에 보내!" 뇌하수체는 뇌 기저부에 달린 콩알만 한 내분비샘으로 시상하부 바로 아래에 있다. '상부'에서 내려온 지시에 따라 뇌하수체는 ACTH를 혈류에 실어 부신피질 방향으로 보낸다. 신경세포가 체내의 빠른 인터넷이라면, 호르몬은 편지에 가깝다. 먼 거리일수록 호르몬이 도달하는 데 시간이 걸린다. ACTH는 먼저 뇌에서 혈류를 타고 부신까지 가야만 비로소 그곳에 메시지를 전달할 수 있다. 메시지는 이렇다. "이봐, 부신피질 세포들아, 코르티코스테로이드를 준비해, 알아들었지!" 그러면 지시대로 진행된다. 부신피질이 확대되고 스테로이드호르몬에 속하는 코르티코스테로이드가 산더미처럼 쌓인다. 거기에 코르티솔도 있다. 코르티솔은 저장된 에너지를 더 많이 끌어모으는 임무를 주로 맡는다. 사활이 걸린 문제이므로 근육에 저장된 단백질도 동원해야 한다. 근육 단백질을 분해하고 또한 '연소한다'. 체내에 코르티코스테로이드가 범람하면 면역체계도 일부 억제된다. 그래서 부상을 당하더라도 염증반응이 바로 일어나지 않는다. 위험 상황이 끝나면 시상하부는 다시 신호를 보내 모든 관련자에게 긴장을 풀어도 된다고 알린다.

스트레스 호르몬이 있는 곳에 스트레스가 있다고?

도주 또는 투쟁 반응은 동물의 가장 잘 알려진 스트레스 반응이다. 말하자면 신체의 특수경찰인 셈이다. 곤충조차도 척추동물의 노르에피네프린과 유사한 효과를 내는 호르몬이 있다. 잠자리는 포식자에게 공격을 받으면 이른바 옥토파민이라는 물질을 방출한다. 이호르몬이 다시 지방동원호르몬지질동성호르몬, AKH을 활성화한다. 실제로 이 전달물질은 비만(지방 과다)과 관련이 있다. 지방동원호르몬이잠자리의 비축된 지방을 가져다가 날쌔게 날아오르는 데 필요한 연료로 쓴다.

많은 과학자가 혈액에 아드레날린, 노르아드레날린, 코르티코스테로이드가 있는 상태를 스트레스로 본다. 특히 코르티솔은 '스트레스 호르몬'이라는 오명을 얻었다. 인간과 동물의 소변이나 대변에서도 코르티솔을 손쉽게 측정할 수 있다. 코르티솔 같은 스트레스 호르몬이 있는 상태를 스트레스로 정의하면 아주 간편해 보인다. 그러나 여기에는 적어도 세 가지 문제가 있다.

1. '스트레스 호르몬'의 임무가 아주 많다.
2. 도주나 투쟁 말고도 위험에 대처하는 반응이 더 있다.
3. 모든 생명체에 스트레스 호르몬이 있지는 않다.

○

차례대로 하나씩 살펴보자. 첫 번째 문제: 캐나다 웨스턴온타리오대학교 생물학자 스콧 맥두걸섀클턴 같은 일부 연구자는 자연에 순수한 '스트레스 호르몬'은 존재하지 않는다고 믿는다. 다수의 코르티코스테로이드는 신체가 도주 또는 투쟁 반응에서 다시 회복하면 그제야 비로소 최고 농도에 도달한다. 이른바 스트레스 호르몬이 맡은 임무는 아주 많다. 그중 하나가 특별 작전을 수행한 뒤에 비축량을 다시 채우는 일이다. 코르티코스테로이드는 식욕을 자극할 뿐 아니라, 휴식을 누리고 먹이를 찾고 싶은 욕구도 높인다. 비상 상황을 맞닥트린 동물에게서 코르티솔 같은 '스트레스 호르몬'이 전혀 측정되지 않을 수도 있다. 스웨덴 룬드대학교 생물학자 에밀리 오코너 연구진은 큰가시고기[Gasterosteus aculeatus]를 실험했다. 큰가시고기는 민물에 사는 6~8센티미터 그기 물살이다. 등에 난 큰 가시 때문에 큰가시고기라는 이름이 붙었다. 연구진은 수족관의 산소량을 낮추고 생명을 위협하는 상황에 큰가시고기를 두 시간 동안 두었다. 놀랍게도 이런 비상 상황에서도 큰가시고기는 혈액에 코르티솔을 다량 방출하지 않았다.

두 번째 문제: 위험에 대처하는 반응으로 도주 또는 투쟁만 있는 게 아니다. 캘리포니아대학교 심리학자 셸리 테일러는 2000년에 **보살핌과 어울림** 반응을 발표했다. 테일러가 생각한 이론은 이렇다. 여성은 도주하거나 투쟁하는 대신 자손을 **보살피고** 사회집단 구성원과 **어울리며** 그 안에서 보호책을 찾는 편이 훨씬 합리적이다. 실제로

여러 연구 결과를 보면, 여성의 몸은 스트레스가 많은 시기에 이른바 스킨십 호르몬인 **옥시토신**을 방출한다. 혈중 옥시토신 수치가 높으면 다른 사람을 향한 신뢰와 개방성이 높아지고, 가까이 있는 사람들과 협력하려는 의지가 향상된다. 그러나 최신 논문들을 보면, 보살핌과 어울림 반응은 순전히 여성에게만 나타나는 현상이 아니다. 남성 역시 옥시토신을 방출하고 위기를 맞으면 집단에서 지원받을 방법을 찾는다.

경직 또한 도주 또는 투쟁의 대안이다. 어차피 포식자들은 대개 아직 살아 있는 먹잇감만 먹으려고 한다. 먹잇감이 움직이지 않고 입 안에서 버둥거리지 않을 성싶으면 입맛이 돌지 않는다. 그래서 포식자들의 눈은 움직임을 포착하는 데 특화되어 있다. 매 같은 맹금류는 3킬로미터 넘게 떨어진 곳에서도 땅을 가로질러 질주하는 쥐를 볼 수 있다. 쥐가 속담처럼 '쥐 죽은 듯 조용히' 있으면 매에게 발각되지 않을 확률이 높다. 신체 근육이 경직되고 '죽은 척하기'로 진짜 죽은 것처럼 보이게 해서 포식자를 속인다.

마지막으로 세 번째 문제는 스트레스를 스트레스 호르몬 방출과 동일시하는 견해에 반대하는 논점이다. 스트레스 호르몬을 활용해서 스트레스를 정의하면 (기껏해야) 동물에게만 적용할 수 있다. 동물은 신경계가 있고 고전적인 도주 또는 투쟁 반응을 보일 수 있다. 그렇다면 신경세포가 없는 다른 모든 생명체는 어떨까? 박테리아, 곰팡이, 식물 등은 어떨까? 그들은 스트레스가 없을까? 확실한 건 짚

신벌레 같은 단세포생물도 시상하부와 부신이 없어도 도주하고 투쟁한다는 사실이다. 게다가 빛에 반응하는 나뭇잎의 움직임도 스트레스 반응과 다르지 않다.

도주 또는 투쟁 반응이 자연의 걸작이라는 점에는 의심의 여지가 없다. 더불어 캐넌의 발견은 '스트레스란 무엇인가?'라는 질문의 보편적 대답이 될 수 **없다**. 이른바 스트레스 호르몬은 예측할 수 없는 물질로 밝혀졌다. 또한 동물은 도주하거나 투쟁하지 않을 때도 스트레스를 받을 수 있다. 이렇듯 스트레스를 잘못 이해하게 된 것은 한스 셀리에가 혼란스럽게 용어를 정의한 탓이다. 처음에는 스트레스가 외부에서 주입된 '이물질'이었다. 그가 쥐에 주입한 포르말린. 그 다음에는 스트레스가 이물질, 즉 스트레스 요인인 포르말린에 쥐가 보이는 반응이었다. 여기서 도주 또는 투쟁 반응이 스트레스의 전형이라는 생각이 움텄다. 캐넌의 고양이 연구는 이런 부정적 이미지를 더욱 굳혔다.

자료를 조사하는 동안 나는 스트레스를 둘러싼 그간의 모든 혼란을 맞닥뜨렸다. 내가 생각하기에 도주 또는 투쟁 반응은 스트레스 반응 중 하나일 뿐이다. 모든 상황에 용감하게 맞서는 경찰. 아무튼 다시 의문이 생겼다. **스트레스가 뭘까? 나는 물론 야생토끼와 다른 모든 생명체에 적용할 수 있는 타당한 스트레스 개념이 틀림없이 있을 텐데!** 나는 스트레스가 가득한 집에 진짜 마지막으로 다시 한 번 더 다녀왔다.

스트레스, 내 마음의 날씨 예보

"진화의 빛에서 벗어난 생물학은 아무 의미 없다!"
– 테오도시우스 도브잔스키

생명은 어떻게 생겨났을까? 왜 멸종할까? 다양성은 어디에서 올까? 생명을 둘러싼 이런 거대한 질문은 행동생물학부터 유전학, 생태학까지 생물학의 모든 영역을 아울러야 설명할 수 있다. 그 모든 영역을 하나로 합친 분야가 진화생물학이다. 진화생물학은 생명이 어떻게 진화했는지, 그러니까 어떻게 스스로 **발달했는지** 연구하는 학문이다.

그러므로 스트레스를 정의한 타당한 개념을 진화생물학에서 찾는 것이 내게는 최선의 전략처럼 보였다. 스트레스가 가득한 집에서 나는 오로지 '스트레스와 진화'라고 적힌 스위치만 찾았다. 그러다 정말로 이 스위치를 찾아냈고 거기서 퍼트리샤 슐트를 만났다. 슐트는 캐나다 밴쿠버에 있는 브리티시컬럼비아대학교 동물학연구소 교수로, 수십 년 동안 캐나다와 미국 동부 연안에서 줄무늬가 돋보이는 대서양송사리Fundulus heteroclitus의 극한 생활을 연구해 왔다. 이 작은 물살이는 대서양의 짠 바닷물이 밀물과 썰물의 리듬에 맞춰 하구의 민물과 섞이는 곳에서 헤엄친다. 심한 온도 변화에도 끄떡없다.

나처럼 슐트도 모든 생명체에 적용할 수 있는 스트레스 개념과 스트레스 요인에 대한 반응을 찾고 있었다. 실험실이든 대자연이든 상관없이. 박테리아든 곰팡이, 식물, 동물이든 상관없이 말이다. 유레카!

슐트의 논문 중에서 특히 「환경 스트레스란 무엇인가? 다양한 환경에서 살아가는 물살이한테서 얻은 통찰What is environmental stress? Insights from fish living in a variable environment」이 내 눈길을 끌었다. 여기에 이런 내용이 있다. "체력이 떨어질 때마다 스트레스가 생긴다."

진화생물학 관점에서 보는 스트레스라니, 새로운 해석이었다. 퍼트리샤 슐트의 생각을 만난 건 마치 로또 복권 1등에 당첨된 것이나 같았다! 하지만 스트레스를 둘러싼 그의 견해가 처음 생각한 것만큼 정말로 그렇게 의미가 있을까?

방정식으로 본 삶

수개월 조사해보니, 어쩐지 슐트가 정의한 스트레스 개념은 사실이라고 하기에는 퍽 아름다워 보였다. 그래서 슐트의 개념 정의를 아주 자세히 살펴보았다. 슐트가 말한 '체력'이 정확히 무엇을 의미하는지 이해하는 일이 가장 중요했다. 작은 퀴즈 하나가 당신의 기억을 되살리는 데 도움을 줄 것이다.

다음 중 야생토끼의 체력이 특히 강할 때는 언제일까? (복수 선택 가능)

a) 매일 최소 1만 보를 걸을 때

b) 차에 치이지 않고, 독을 먹지 않고, 잡히지 않고, 잡아먹히지
   않고 므두셀라처럼 장수할 때

c) 토끼답게 살며 많은 자손을 낳을 때

d) 좋은 친척들의 도움을 받으며 새끼들을 기를 때

이미 말했듯이, 이 책은 신체에 담긴 체력을 다루지 않는다. 많은 사람이 열망하는 빨래판 복근을 얘기하지 않는다. 따라서 a 항목은 틀렸다. 이 책에서 말하는 체력이란 생물학적 적합성을 가리킨다.

생물학적 적합성은 자신의 설계도를 최대한 많이 다음 세대에 전달하는 것이 목표다. 이 설계도는 DNA 안에 있다. 당신 아버지의 정자가 당신 어머니의 난자와 만나는 순간, 두 사람은 생물학적 적합성에 직접 투자했다. 각각 DNA의 50퍼센트씩 당신을 매개로 자손에게 전달했다. 당신 아버지의 정자에 그의 설계도 절반이 들어 있다. 어머니의 난자에도 어머니의 설계도 절반이 들어 있다. 이 두 성세포가 합쳐져 '인간' 설계도가 다시 완성된다. 그렇게 당신이 존재하게 되었다. 그러나 당신 부모의 DNA가 직계 후손인 당신에게만 있는 건 아니다. 당신 부모에게 형제자매가 있다면 그들은 생물학적 적합성을 더욱 높일 수 있다. 순전히 수학적으로 따지면, 형제자매는 그들 부모와 공유한 것과 똑같이, 그러니까 DNA를 50퍼센트씩 공유한다. 그래서 당신 부모는 삼촌이나 숙모로서 자기네 조카들과 25퍼센트씩 DNA를 공유한다. 형제자매가 서로 자녀 양육을 돕는다면 생물학적 적합성에 간접 투자하는 셈이다.

o

    방금 제시한 퀴즈에서 정답은 b, c, d다. 토끼는 오래 살수록 자주 번식할 수 있다. 친척의 새끼도 같이 돌본다면, 생물학적 적합성을 최대화하기 위한 모든 조치를 다한 셈이다. 직간접 적합성이 전체 적합성에 합산된다. 단순하게 정리하기 위해 이제부터 나는 생물학적 적합성이나 전체 적합성 대신 그냥 '적합성'이라고만 표현하겠다.

    그래서 생물학자들은 생명체가 얼마나 잘 지내는지 알아내기 위해 가장 먼저 개체군 밀도를 살펴본다. 개체군이란 제한된 지역 안에 있는 동일 종의 개체 집합을 말한다. 개체군 밀도는 면적 당 개체 수로 나타낸다. 비정상적으로 많은 야생토끼가 프랑크푸르트 도심에 산다는 사실이 내게는 토끼들이 이곳에서 비교적 잘 지낸다는 가장 중요한 증거였다. 하지만 나는 확실하게 알아야 했고 정확한 수치가 필요했다.

    나는 몇몇 대학생들과 함께 몇 주 동안 새벽과 저녁 어스름에 토끼들의 뒤를 밟았다. 손전등을 들고 우리는 시골과 도시에서, 미리 정해진 길을 동시에 걸었다. 토끼굴 앞에서도 토끼를 관찰했다. 얼마나 많은 토끼가 굴을 들락날락했을까? 이런 식으로 우리는 총 17개 연구 지역에서 제각각 야생토끼를 추적했다.

    하지만 그 정도로는 부족했다. 나는 다음의 질문들에도 답해야 했다. 연구 지역의 몇 퍼센트가 도로와 보행로에 막혔는가? 벤치나 쓰레기통 같은 '인공' 사물이 몇 개나 있었나? 보행자들이 얼마나 자주 토끼들에게 걸리적거렸나? 연구 지역 반경 500미터 이내에 거주민은 몇 명이나 있나? 이 모든 데이터가 모여 연구 지역의 '도시 점

수', 즉 도시 지수가 만들어졌다. 이 지수가 높을수록 더 도시적이다.

결과는 뚜렷했다. 시골에서 도시로 갈수록 토끼 개체 수가 증가했다. 프랑크푸르트 오페라하우스 앞 녹지에서는 1만 제곱미터에 평균 24마리가 뛰어다녔다. 가장 시골인 곳에는 순전히 수학적으로 따지면 단 한 마리도 없었다. 이렇게 생물학자가 단지 자손 수를 헤아리기만 하면 생명체가 스트레스를 받는지 알 수 있다는 뜻일까? 애석하게도 그렇게 단순하지 않다. 실험실이나 동물원에서는 식물이 얼마나 많은 씨앗을 생산하는지 또는 동물이 얼마나 많은 새끼를 낳는지 여전히 추적할 수 있을 테다. 그러나 야생에서 식물과 동물의 적합성은 다른 문제다. 직접 적합성이라면 개별 동물에서 측정할 수 있을 법도 하다. 그러나 간접 적합성과 친척들의 모든 자손은 어쩌란 말인가? 토끼마다 전체 씨족과 그들 자손을 모두 내가 알고 있어야만 할 텐데, 확실히 그건 '미션 임파서블'이다.

종에 따라 사정은 더욱 복잡해진다. 꿀벌이나 개미 같은 몇몇 곤충은 국가를 이루어 사는데, 이들 국가에서는 여왕만이 알을 낳고 자손을 생산한다. 여왕의 딸들, 곧 일꾼들은 생식능력이 없다. 스스로 어미가 되는 대신 여왕의 자손을 헌신적으로 돌본다. 게다가 모두를 위해 먹이를 모으고 위기 상황에서는 동족을 지키려고 목숨까지 바친다. 언뜻 보면 일꾼들은 적합성이 매우 낮은 것 같다. 어차피 그들 스스로 번식하지 않는다. 마침내 과학은 꿀벌과 개미 군집의 친척 관계를 둘러싼 모든 수수께끼를 분자적 방법으로 밝혀낼 수 있었다. 일꾼들은 자기 자손보다 여왕의 자손과 더 많은 DNA를 공유한다.

○

이유는 여전히 생물학자 머리에서 연기가 폴폴 나게 만드는 복잡한 난자 수정 체계 때문이다.

적합성 대신 수행 능력

스트레스와 적합성의 연관성이 내가 처음 생각했던 것만큼 그렇게 깊지 않은 걸까? 적합성은 측정이 어렵다. 참고할 수치가 없기 때문이다. 언제 적합성이 최고에 다다르고 언제부터 스트레스가 발생할까? 생명체가 자기 자손이 없다고 해서 반드시 자기 DNA가 지속하지 않는다는 뜻은 아니다. 퍼트리샤 슐트는 이런 딜레마를 인식했고 해결 방안을 제시했다.

성세포를 생산해서 적합한 파트너를 찾아 새끼를 키우는 데끼지 가는 길은 아주 멀다. 생명체의 적합성이 뒷받침되어야 이 모든 과정을 완수할 수 있다. 게다가 충분한 에너지를 보유한 자만이 추가로 친척의 자손도 돌볼 수 있다. 그렇다면 높은 적합성의 기본 요건은 무엇일까? 그렇다, 건강이다. 건강은 어떻게 측정할 수 있을까? 그 마법의 단어는 수행 능력performance이다!

모든 혈액검사, 모든 소변검사, 모든 심전도가 당신의 수행 능력을 얼마간 보여준다. 여기에 다시 항상성이 등장한다. 실젯값이 목푯값을 벗어날수록 수행 능력은 낮아진다. 굳이 병원에 가지 않더라도 프랑크푸르트에서 내 수행 능력이 좋지 않다는 사실을 나는 명확히 알았다. 몸무게가 줄고 머리카락이 한 움큼씩 빠졌다. 생리 주기가 깨졌다는 건 내 운영 체계가 완전히 과부하 상태라는 명백한 신호였다.

특히 난자와 정자를 생산하고 배아를 착상시키고 새로운 생명을 키우는 데는 많은 자원이 든다. 건강이 좋지 않으면 가장 먼저 번식부터 줄인다. 성욕이 없는 것 자체가 벌써 더 중요한 다른 일에 자원을 써야 한다는 신호다. 번식은 그냥 너무 비싸다. 그러나 체온이나 혈압이 불안정하다고 해서 곧바로 적합성이 낮아지지는 않는다. 신체는 생식을 희생하지 않고도 수많은 내부 환경의 변동을 다시 정상으로 돌릴 수 있다. 하지만 운영 체계가 수많은 실젯값을 오랫동안 목푯값에 맞추지 못하면 적합성은 위태로워진다. 그리고 스트레스가 발생한다.

이번에 '스트레스가 가득한 집'에서 나왔을 때, 나는 기분이 퍽 좋았다. 길고 험난한 '스트레스산'을 등반한 끝에 마침내 정상에 도달했다. 나는 정상에 서서 계곡을 내려다보았다. 여기까지 올라오는 길에 놓여 있던 많은 걸림돌이 이제 높은 곳에서 내려다보니 마냥 작은 조약돌 같았다. 진화생물학 관점에서 스트레스를 보니, 고대했던 통찰이 왔다.

또한 슐트의 제안은 스트레스가 삶을 방해하기는커녕 삶을 위해 삭봉하는 힘이라는 고대 그리스인의 생각과도 기가 막히게 맞아떨어졌다. 스트레스는 수행 능력이 위험에 처했을 때 신호를 보내는 경보기와 같다. 수행 능력이 떨어지면 적합성도 낮아진다. 적합성이

○

낮아지면 스트레스가 올라간다. **스트레스는 삶에서 뭔가 달라져야 한다고 알리는 신호다.** 아마도 토끼는 살아남기 위해 도주하거나 투쟁하거나 죽은 척해야 할 것이다. 어쩌면 길게 보아 식량이 더 많고 포식자가 적은 다른 장소로 이주해야 할 수도 있다. 아니면 새로운 식량원을 찾으며 포식자에게 들키지 않고 잘 숨는 법을 배워야만 한다. 때로는 다른 토끼들과 친구가 되는 것만으로도 집단 안에서 더 많은 보호를 받을 수 있다. 이 모든 일이 높은 적합성을 회복하기 위해 생명체가 궁리한 스트레스 반응이다. 스트레스와 적합성 개념은 모든 생명체에 적용할 수 있어 좋다. 자기 DNA를 물려주는 일은 곰팡이건 식물이건 동물이건 생명 자체의 특성이기 때문이다.

이제 누군가 내게 스트레스가 뭐냐고 묻는다면 나는 아주 쉽게 대답할 수 있다. 내가 보기에 스트레스는 **적합성이 떨어지는 현상**이다. 다음 세대에 DNA를 많이 물려줄수록 당신의 적합성은 올라간다. 그러려면 기본적으로 건강이 최상이어야 한다. 그리고 건강은 당신의 수행 능력으로 수월하게 측정할 수 있다. 이제 아주 사소한 질문 하나만 남았다. **최고의 수행 능력에 도달하려면 무엇이 필요할까?**

2장

모든 존재에게는
그들만의 서식지가 있다

수온 25도, 최적의 생태계

"변화만큼 지속하는 것은 없다."

　－ 에페소스의 헤라클레이토스

내가 열두 살일 때, 아버지가 아름다운 거피들이 헤엄치는 커다란 수족관을 선물해주셨다. 거피$^{Poecilia\ reticulata}$는 알이 아닌 새끼를 낳는 열대송사리다. 색상이 화려해서 수족관 애호가들에게 인기가 높다. 특히 수컷은 깃발 모양의 꼬리지느러미가 참 예쁘다. 거피는 왕성한 번식력으로도 유명해서 '백만 물살이'라는 별칭을 얻었다. 조건만 맞으면 암컷은 27~30일에 한 번씩 새끼를 최대 100마리나 낳을 수 있다. 물살이로서는 이례적이다. 그래서 '태생 열대 송사리'라고도 불린다.

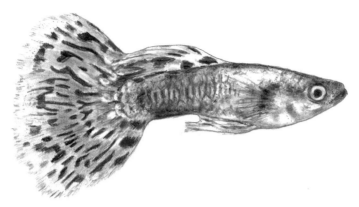

거피 암컷은 새끼를 최대 100마리씩 낳을 수 있다.

　　책임감 있는 수족관 관리자로서 나는 당연히 내 거피가 건강하고 씩씩하게 살려면 무엇이 필요한지 정확히 알았다. 충분한 먹이 말고도 항상 수족관 내부 온도계가 쾌적한 25도를 가리키는지 세심하게 주의를 기울였다. 겨우 몇 센티미터인 이 작은 물살이는 수온 25도에서 특히 편안함을 느낀다.

　　어느 날 재앙이 닥쳤다. 나는 청소하려고 수족관을 싹 비웠다. 그동안 거피들은 훨씬 큰 다른 수조에 있었다. 임시 거처의 수온을 얼른 올리려고 히터 막대를 최고 온도로 설정해 두었다. 수족관 청소를 끝내고 거피들을 수족관으로 옮기면서 히터 막대도 다시 옮겨 걸었다. 그런데 안타깝게도 히터 막대를 최고 온도로 설정했다는 사실을 까맣게 잊고 말았다. 다음날 물살이는 모두 배를 보이며 물 위에 둥둥 떠 있었다. 온도계를 보니 단박에 사망 원인을 알 수 있었다. 수온이 43도였다.

나는 바닥에 주저앉아 한없이 자책했다. 내 부주의로 거피들이 목숨을 잃었다. 거피의 수행 능력과 적합성이 0에 도달한 이유는 분명 수온이 최적 온도에서 벗어났기 때문이다.

거피의 죽음은 그 후로도 오랫동안 나를 괴롭혔다. 이 뼈아픈 경험이 내가 생물학을 전공하게 된 이유 중 하나다. 나는 생명을 파괴하는 대신 보존하는 일을 하고 싶었다. 서재에 앉아 이 책을 쓰는 지금, 이런 질문이 다시 떠올랐다. **생명체의 수행 능력과 적합성이 최고에 도달하려면 무엇이 필요할까?**

서식지, 지구라는 삶의 무대

당신, 나, 내 고양이. 우리는 모두 지금 같은 공간 안에, 우리 서식지 안에 있다. 서식지가 없으면 우리는 그저 그렇게 윙윙대며 떠돌아다닐 것이다. 땅이 있어서 식물은 뿌리를 내리고 동물은 발을 딛고 인간은 두 다리로 서 있을 수 있다. 태양이 잎, 털, 피부에 온기를 준다. 공기가 뿌리, 아가미, 코에 산소를 공급한다. 효모균이든 상어든 상관없이 말이다. 서식지는 배우가 연극을 선보이는 데 필요한 모든 소품을 갖춘 무대와 같다. 모든 무생물 소품과 활동하는 모든 생물 배우가 어우러져 생태계를 이룬다. 이름에서 이미 알 수 있듯이, 서식지만이 **서식할 수 있는 공간**을 제공한다.

그런 극장 무대, 일명 서식지가 무수히 많다. 사막 모래로 가득한 서식지가 있는가 하면, 어떤 서식지는 얼음으로 빽빽이 채워져 있다. 1년 내내 바짝 메마른 곳도 있고, 몇 달씩 비가 퍼붓는 곳도 있다. 어떤 배우가 어떤 연극을 하느냐는 오로지 배우의 선호도에 달렸다. 아메바에서 울타리도마뱀에 이르는 온갖 종이 제각각 고유한 생리를 지니고, 그래서 서식지에 요구하는 사항도 매우 구체적이다. 배우들은 자신이 어떤 무대에 잘 맞는지 알아야 한다. 열기를 견디지 못하면 사막에서는 단역을 맡을 수밖에 없다. 물속에서 숨을 쉴 수 없다면 '해양' 연극 오디션에 참가해선 안 된다.

거피에게도 이상적인 '무대'가 따로 있다. 야생에서 그들은 남미 북부와 카리브해 지역 민물에 산다. 수온이 최적 온도인 25도일 때 작은 열대송사리는 특히 잘 자란다. 더불어 빠르게 번식해서 높은 적합성에 도달한다.

다음 그래프는 생태학자들이 서식지의 질과 적합성 사이 연관성을 어떻게 이해하는지 보여준다. 거피의 환경요인은 수온이다. 수온이 최적이면, 거피의 수행 능력과 적합성도 최적이다.

그러나 영구히 25도를 유지하는 수온이란 야생은 두말할 것도 없고 수족관에서도 현실적이지 않다. 온도는 끊임없이 변한다. 그렇다고 작은 거피들이 늘 패닉에 빠지는 건 아니다. 거피들은 최적 온도보다 약간 높거나 낮은 수온에서도 장난하며 헤엄친다. 최적의 언저리인 이 영역을 **선호영역**이라고 한다. 생명체가 **선호하는** 환경요인의 특성을 갖췄기 때문이다. 거피의 수온 선호영역은 22~28도다. 선호영역에서는 성장과 번식이 최적의 조건에서만큼 이상적이진 않다.

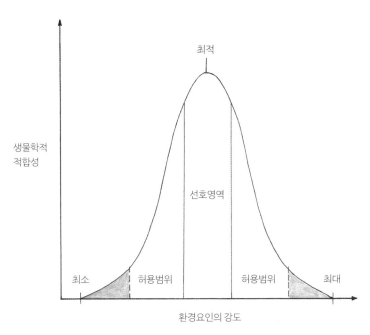

환경요인이 최적에 도달하면 생물학적 적합성(직간접 자손의 수)이 가장 높다. 환경요인에는 온도, 피에이치, 산소량 등이 있을 수 있다.(국제지구과학geo-science-international을 토대로 수정된 그림)

거피들은 최적일 때보다 느리게 성장하고 적게 번식한다. 온도가 최적과 선호영역에서 점점 멀어지면 언젠가는 최소 또는 최대에 도달하게 된다. 최소와 최대 사이 영역이 허용범위다.

나는 히터 막대로 거피의 수온 허용범위를 명백히 넘어섰다. 문제는 온도가 최소 또는 최대에 도달하면 즉시 성장이 멈춘다는 점이다. 번식은 말할 필요도 없다. 생명체가 번식에 방해를 받으면 무슨일이 벌어질까? 적합성이 떨어지고, 툭, 스트레스가 발생한다.

°

최적이 될 수 있는 환경요인은 온도만이 아니다. 피에이치, 염도, 산소량 등 서식지의 모든 특성에 따라 어떤 종이 어디에 정착할지가 결정된다. 종마다 제각각 최적, 선호, 최소, 최대의 환경요인이 따로 있다.

그리고 피에이치, 염도, 산소량 같은 환경요인이 스트레스를 유발하는 순간, 그 환경요인은 한스 셀리에가 만든 용어대로 **스트레스 요인**이라 불리게 된다. 또한 서식지라는 무대의 무생물 '소품'이므로, 생물학자들은 이런 스트레스 요인을 비생물적 스트레스 요인이라고도 한다.

이미 조절 중인가 아니면 여전히 순응하는가?

환경요인이 스트레스 요인이 되느냐 마느냐는 각각의 생명체마다 다르다. 집안 온도가 쾌적한 22도에서 단 한 시간 만에 10도로 급변한다고 상상해보라. 스웨터와 온수 주머니가 있으면 이렇게 온도가 떨어져도 얼마간 대처할 수 있을 테다. 그런데 여기서 끝이 아니다. 식수를 공급하던 수도에서 이제 짠 바닷물이 나온다. 산소량에도 문제가 있는 듯하다. 몇 시간 뒤에 산소량이 0으로 떨어진다.

이런 상황은 분명 우리 인간의 적합성에 전혀 도움이 되지 않을 것이다. 식수를 얻지 못하는 문제만으로도 우리는 상당히 빨리 죽음에 직면할 것이다. 그런데 이 모든 상황은 스릴러물에 나오는 판타지가 아니라 '소금이 밀려오는' 서식지의 거주자들에게 매일 발생하는 일이다. 퍼트리샤 슐트의 연구 대상인 줄무늬 대서양송사리도 이런 거주자에 속한다.

줄무늬 대서양송사리는 크기가 7.5~9센티미터로 대략 손바닥만 하다. 사는 곳은 북미 해안의 작은 연못이다. 더운 여름날 썰물 때면 수온이 30도까지 뜨거워지는 연못도 있다. 그러나 밀물 때면 차가운 대서양 물이 연못을 씻어내 수온을 15도까지 식힌다. 동시에 염도도 달라진다. 신선한 담수였던 연못의 염도가 이제 바닷물 수준인 3.5퍼센트가 된다.

온도와 염도가 바뀌면 물속 산소량도 변한다. 수온이 낮을수록 용존산소는 높다. 물에 소금이 많을수록 산소량은 낮다. 그래서 따뜻한 바닷물이 산소량은 가장 낮다. 밀물과 썰물 때문에 연못은 온종일 산소 농도가 0에서 20피피엠 사이를 오간다. 피피엠(ppm)은 parts per million의 약자로 **백만분의** 1을 뜻한다. 산소 농도가 4피피엠 이하면 어류와 수생동물 대부분이 생명의 위협을 받는다.

줄무늬 대서양송사리는 이렇게 불안정한 서식지에서도 번식할 수 있다. 이론상으로 보면 그냥 덜 불안정한 장소로 이주할 수도 있으리라. 그러나 대서양송사리는 서식지를 향한 의리를 지키며, 제 연못을 버리지 않는다. 다른 물살이라면 몇 시간 안에 죽을 수도 있는 상황에서 매일 아무렇지 않게 살아간다.

이 작은 줄무늬 대서양송사리의 비결은 뭘까? 아마도 당신은 항상성과 내부 환경을 아직 기억할 것이다. 요약하자면, 유기체가 내부 환경의 항상성을 잘 유지할수록 외부 환경에 더 독립적이다. 체온,

피에이치, 산소량이 항상 일정하게 유지된다면 외부 환경에서 무슨 일이 벌어지든 상관없다.

대서양송사리가 바로 그렇다. 바닷물이 매일 얼마나 많은 소금을 작은 연못에 실어 오건 상관없이, 그들은 체내 염도를 일정한 값으로 조절한다. 이런 능력이 있어서, 소금이 극도로 밀려 들어와도 생존하고 심지어 번식도 할 수 있다. 그래서 대서양송사리는 이른바 광서식지Euryökie 생물에 해당한다.

Euryökie는 그리스어 eurys와 oikos를 합쳐서 만든 단어인데, eurys는 '넓은'을, oikos는 '거주지'를 뜻한다. 광서식지 생물은 적어도 한 가지 환경요인의 허용범위가 대단히 넓다. 그래서 줄무늬 대서양송사리처럼 온도, 산소량, 염도가 큰 폭으로 달라져도 적합성을 손상하지 않고 견딜 수 있다. 광서식지 생물은 대부분 이른바 '조절자'다. 특히 인간을 포함한 포유류는 여러 내부 환경을 조절해서 항상성을 유지한다. 당신 몸은 주변 온도가 아무리 높거나 낮아도 항상 37도 정도를 유지하려고 최선을 다한다. 주변 환경에 좌우되지 않는다면 원칙적으로 어디서든 잘 지낼 수 있다. 그래서 광서식지 생물은 지구에서 가장 다양한 서식지에 정착한다.

광서식지 생물과 반대로 협서식지stenökie 생물은 적어도 한 가지 환경요인의 허용범위가 무척 좁다. 같은 환경요인이라도 협서식지 생물의 최적과 선호영역은 광서식지 생물보다 좁다. 거피는 줄무늬 대서양송사리와 비교하면 협서식지 생물에 해당한다. 거피는 온도나 염도가 거의 변하지 않다시피 해야만 견딜 수 있기 때문에 중앙

아메리카와 카리브해의 따뜻한 물에서만 볼 수 있다. 염도가 높은 곳에 있는 거피는 야생토끼가 북극에 있는 것만큼 잘못된 장소에 와 있는 것이다. 왜 그럴까? 협서식지 생물은 대부분 조절자가 아니라 '순응자'이기 때문이다.

아마도 예전에 한 번쯤 본 적이 있을 텐데, 떠오르는 태양은 모닝커피가 우리 인간에게 끼치는 것과 똑같은 영향을 수많은 곤충, 양서류, 파충류에 끼친다. 태양은 생명의 기운을 깨운다. 순응자의 체온은 외부 온도에 따라 달라지기에, 태양의 첫 광선이 나비 같은 순응자의 체온을 활동온도대까지 올린다.

그런데 뒤영벌은 다르다. 윙윙대는 이 작은 곤충은 히터가 내장되어 있어 일출 전에 체온이 활동온도대에 도달할 수 있다. 그래서 재빠르게 몸을 움직여 스스로 체온을 높인다. 다른 꽃가루 중매쟁이들이 모두 여전히 풀잎에 앉아 오들오들 떠는 동안, 뒤영벌은 벌써 부지런히 꿀과 꽃가루를 모은다.

식물, 곰팡이, 박테리아 중에도 광서식지 생물과 협서식지 생물이 있다. 유럽너도밤나무Fagus sylvatica는 건조한 토양은 물론 습한 토양에서도 잘 자란다. 반면 호랑잎가시나무Quercus ilex는 건조한 토양에서만 자란다. 유럽오리나무Alnus glutinosa는 습한 토양이 필요하므로 물가에 있어야 건강하게 자란다.

덧붙이자면, 자연에 순전한 '광서식지 조절자'와 순전한 '협서식지 순응자'는 드물다. 내부 환경 일부는 조절되고, 일부는 서식지에 맞춰진다. 큰입우럭Micropterus salmoides이 한 예다. 큰입우럭은 북아메

○

리카 동북부의 오대호와 미국 미시시피, 텍사스, 플로리다 그리고 멕시코까지 북미 동부를 따라 서식한다. 큰입우럭의 체온은 항상 주변 수온을 따른다. 하지만 혈중 염도는 주변에서 무슨 일이 벌어지건 항상 일정하게 유지된다. 바닷물이 섞여 아주 짠 강물에서도 큰입우럭은 내부 염도를 일정하게 유지한다.

스트레스, 지문처럼 사람마다 다르다

온도, 피에이치, 염도가 스트레스 요인이 되느냐 마느냐는 생명체 자체에만 달린 문제가 아니다. 환경요인이 작용하는 기간과 강도에 따라 적합성이 감소하고 스트레스가 증가하는 기간과 강도가 결정된다. 환경요인이 최적에서 멀리, 그리고 오래 떨어실수록 적합싱이 나빠진다.

히터 막대가 최고 온도로 설정되었다는 사실을 내가 그날 바로 알아차렸더라면 내 거피들은 죽음을 모면했을 것이다. 몹시 높은 온도에 노출되었더라도 시간이 짧았더라면 그들은 분명 큰 상처 없이 이겨냈을 것이다. 서식지에 예기치 못한 변화가 생기면 적합성을 위협한다. 뜻하지 않게 닥치는 일은 더 빨리 균형을 무너트릴 수 있다.

거피에게 닥친 이 일을 계기로 그때 나는 두 가지를 깨달았다. 다시는 히터 막대를 잘못 사용하지 않겠다 결심했다. 그리고 두 번째 깨우침이 더 중요한데, 내 행동이 다른 생명체에 영향을 끼칠 수 있다는 사실이다.

나는 생물학을 공부하면서 두 번째 깨우침을 훨씬 또렷하게 인식하게 되었다. 모든 생명체는 자기 서식지에 의존한다. 산소, 햇빛, 물이 없으면 지구상 모든 생명체는 조만간 죽을 것이다. 배우는 오로지 무대에 의존하기 때문에 예기치 않게 무대에 생기는 모든 변화가 스트레스를 유발할 수 있다. 게다가 모든 것은 끊임없이 움직이고 서로 영향을 끼치기에 상황이 더욱 복잡해진다. 나무는 땅에서 물을 끌어오고, 그 물이 잎에서 증발하면 증발한 물이 구름을 형성한다. 비가 아주 적게 내리고 기온이 올라가면 초목이 덜 자란다. 내가 히터 막대를 잘못 설정하면 따뜻한 수영장이 순식간에 뜨거운 온천으로 변한다.

허용범위가 넓거나 좁은 환경요인의 가짓수가 언제나 결정적 요소다. 무대에 관대한 배우일수록 설 수 있는 무대가 많다. 편안한 삶을 위해 반드시 산이 필요하다면 당신은 아마 네덜란드로 가지 않을 것이다. 비를 좋아한다면 녹색 섬 아일랜드에서 최적의 거주지를 찾을 수 있을 터다. 산, 바다, 따뜻한 기온이 필요하다면 거주지 선택 폭은 더 좁아진다.

이런 발견은 스트레스가 삶의 길잡이라는 내 가설을 재확인해준다. 남극의 박테리아, 곰팡이, 순록, 북극곰은 영하 온도에서 편안함을 느끼지만, 다른 단세포생물, 식물, 동물은 이런 온도에서 기껏해야 몇 분만 겨우 생존할 수 있다. 확실히 모든 생명체는 저마다 독특하고 고유한 '서식지 요구사항'이 있다. 서식지가 그 요구사항을 최적으로 충족할수록 적합성은 커진다. 거주지에 풀이 많으면, 토끼는 먹이를 찾느라 보내는 시간을 아낄 수 있다. 이렇게 아낀 시간에 파트너를 선택하고 짝짓기를 하고 새끼를 기를 수 있다. **그러므로 생명체가 최적의 장소를 찾는다는 것은 그저 난해한 헛소리가 아니다. 모든 생명체가 충족하려 애쓰는 자연스러운 욕구다.**

나무와 의사소통하는 버섯?

"자연에는 홀로 존재하는 것이 없다."

— 레이철 카슨

고개를 돌려 1분 동안 주위를 둘러보라. 다른 사람, 동물, 식물이 있는가? 내 연구실에는 현재 알로에 '헬가'와 고양이 '아르비트'가 있다. 언뜻 보면 당신 말고는 다른 생명체가 없는 것 같아도, 확언하건대 당신은 혼자가 아니다! 당신 피부에서 당장 수십억 개 단세포생물이 당신의 죽은 세포를 맛있게 먹고 있다.

눈에 보이건 보이지 않건 당신 주변의 모든 유기체는 당신과 서식지를 공유한다. 당신과 마찬가지로 그들도 무대 위 여러 배우 중 하나고, 소품 사이사이에서 분주히 움직인다. 우리는 공기, 물, 햇빛 같은 자원을 그들과 나눠 쓴다.

나의 헬가 같은 식물은 광합성을 거쳐 스스로 식량을 생산할 수 있다. 거기에 필요한 소품은 이산화탄소, 햇빛, 물뿐이다. 수많은 단세포생물, 모든 곰팡이와 동물은 음식을 섭취하기 위해 다른 배우에게 의존한다. 당연히 여기서 두 적합성이 충돌한다. 생존하려면 포식자는 피식자를 잡아먹어야 한다. 이때 잡아먹힌다는 말은 피식자의 적합성이 0으로 떨어진다는 뜻이다.

포식자가 피식자의 스트레스 요인인 건 분명한 사실이다. **그렇다면 다른 모든 생명체가 그럴까? 그들 역시 수행 능력과 적합성을 망칠 가능성이 있을까? 아니면 다른 배우들은 도리어 자신의 연기력을 향상시킬 수 있을까?**

좀비 개미와 킬러 지네

모든 생명체는 매우 고유한 자신만의 생태 보금자리가 있다. 이 '생태 보금자리'는 배우들의 대본과 같다. 거기에는 배우들이 제각기 동료 배우와 어떤 관계를 맺게 되는지가 담겨 있다. 더불어 무대 어디에서 무엇을 해야 하는지도 적혀 있다. 좋은 먹이는 어디에 있을까? 누가 포식자고 누가 동맹일까? 짝짓기 파트너 또는 둥지 자리 같은 자원은 누구와 경쟁하게 될까? 생명체인 배우와 서식지인 무대의 관계 구조는 저마다 독특하다. 어떤 생명체도 생태 보금자리가 완전히 똑같지는 않다.

미생물석 스트레스 요인은 앞에서 이미 얘기했다. 서식지 온도나 피에이치 같은 모든 무생물 소품이 여기에 해당한다. 그러나 다른 배우들도 적합성을 해치는 스트레스 요인이 될 수 있다. 그들은 살아 있는 생물이므로 생물적 스트레스 요인이다. 먹이사슬 맨 끝에 있어 포식자를 두려워하지 않아도 되는 인간조차 생물적 스트레스 요인에 노출된다. 수많은 기생충과 병원균이 우리 몸에서 생태 보금자리를 찾고 우리의 적합성에 영향을 끼친다.

생물적 스트레스 요인의 대표적인 예가 기생충이다. 그들은 숙주의 세포 내용물, 조직, 체액을 먹는다. 숙주는 일반적으로 기생충보다 훨씬 크고 다른 종에 속한다. 포식자와 달리 기생충은 기본적으로 숙주를 죽이지 않는다. 적어도 즉시 죽이진 않는다. 하지만 숙주의 중요한 영양소를 빼앗고 질병을 일으킬 수 있다.

기생충 세계를 탐험하는 일은 「좀비, 개미, 종말」 「킬러 지네의 공격」 「매일 조충이 빨아먹는다」 같은 제목의 공포 영화를 보는 것과 같다. 개미 몸 안에서 자라며 숙주인 개미의 행동을 통제하는 곰팡이가 있다. 더 으스스하게도 물살이 혀의 피를 빨아먹는 시모토아 엑시구아Cymothoa exigua 종의 암컷 지네가 있다. 이 정도만으로도 이미 끔찍한데, 더 센 게 아직 남았다. 이 지네는 물살이의 혀가 출혈로 제구실을 못 하면 스스로 물살이 혀 노릇을 한다. 세상에 이런 일이! 우리 인간도 인기 있는 숙주다. 와포자충, 람블편모충, 질편모충 같은 단세포생물은 무해한 기생충이지만, 일부 조충은 우리 창자에 숨어 최대 2.5미터까지 자란다.

고동털개미의 위생 개념

기생충과 병원균에 전염될 위험은 수천 마리가 모여 사는 개미 왕국에서 특히 높다. 한 마리가 감염되면 금세 유행병으로 퍼질 수 있다. 모든 개미는 먹이를 전달하며 서로 연결된다. 이 연결은 외근직 일개미에서 시작한다. 그들은 먹이를 찾아 왕국 밖으로 나갔다가, 먹이를 찾으면 배를 채우고 집으로 돌아간다. 집에 도착하면 배에 저장한 먹이 일부를 내근직 일개미에게 전달한다. 먹이를 토해내어 전달하는 이 과정을 생물학자들은 '개미 키스'라고 낭만적으로 표현한다. 내근직 일개미들은 이른바 보모들과 다시 키스를 나누고, 보모개미들은 왕국 내부에 있는 애벌레에게 이 먹이를 먹인다. 개미들은 깊은 키스로 배 속 먹이를 서로 섞어, 이른바 사회적 위장관을 형성한다. 그래서 먹이 전달이 어딘가에서 멈추고 더 많은 공급이 필요하면 금세 눈에 띈다. 게다가 왕국 내부에서 긴밀하게 교류하기에 기생충 전염이 증가한다. 이 때문에 개미나 꿀벌 같은 사회성곤충은 기생충 확산을 줄이기 위한 자체 위생 프로그램이 있다.

브리스틀대학교 내털리 스트로메이트가 고동털개미Lasius niger의 '위생 개념'을 상세히 연구했다. 스트로메이트 연구진은 서로 다른 22개 왕국 개미들을 면밀히 관찰했다. 개미 등에 작은 QR 코드를 부착했고 컴퓨터 프로그램이 QR 코드를 인식해서 개미의 모든 움직임을 사봉으로 기록했다. 이 데이터를 보면 왕국 각각의 개미가 누구와 얼마나 자주 얼마나 오랫동안 접촉했는지 알 수 있다. 또한 외근직 일개미부터 여왕개미까지 모든 개미의 개별 업무를 알 수 있다.

이 모든 데이터를 토대로 연구진은 22개 왕국 각각의 개미 네트워크를 분석할 수 있었다. 더불어 이 데이터를 활용해서 왕국 각각의 이른바 '귀무 모델null model'°을 설계했다. 이 모델은 개미의 정체성을 제외하면 실제 데이터를 분석한 결과와 똑같았다. 귀무 모델에서는 일개미건 수컷이건 여왕개미건 관찰할 개미를 무작위로 결정했다. 그러나 개미끼리 접촉하는 시간과 횟수는 동일하게 유지했다.

실제 개미 네트워크와 귀무 모델을 비교해보니 놀라운 사실이 밝혀졌다. 누가 누구와 개미 키스를 나누냐가 중요했다! 실제 왕국을 분석한 결과, 같은 일을 하는 개미끼리 더 자주 접촉했다. 외근직 일개미는 보모나 수컷보다 자신과 같은 일을 하는 개미들과 더 자주 접촉했다. 또한, 실제 왕국의 개미들은 무작위 귀무 모델보다 더 많이 서로서로 거리 두기를 실천했다.

연구진은 한 단계 더 나아가 전체 계산을 이용해 **메타히지움 브루네움**Metarhizium brunneum 곰팡이의 확산을 예측했다. 이 곰팡이는 고동털개미의 전형적인 병원균인데, 포자를 매개로 동물한테서 동물로 퍼진다. 포자는 작은 곰팡이 꾸러미와 같다. 이 꾸러미가 좋은 자리에 도착하면 그 자리에서 다시 새로운 곰팡이가 자란다.

컴퓨터로 분석한 결과는 포자가 개미 네트워크에서 다르게 퍼

° 아무 변수도 투입하지 않은 통계 모형

고동털개미는 기발한 위생 개념으로 기생충 확산을 막았다.

지는 양상을 보여주었다. 개미의 정체성이 포함된 모델보다 귀무 모델에서 확산이 훨씬 빨랐다. 말이 된다. 외근직 일개미는 외부에서 훨씬 더 자주 곰팡이 포자와 접촉한다. 그들이 내근직 일개미와 덜 접촉할수록 왕국 전체에 곰팡이 유행병이 퍼질 가능성은 줄어든다. 이론상으로는 매우 논리적으로 들리지만, 실제로도 정말 그럴까?

이 질문에 대답하기 위해 스트로메이트는 실제 개미 왕국에 곰팡이를 투입했다. 외근직 일개미의 10퍼센트를 무작위로 선택해 두 집단으로 나누고, 한 집단에는 곰팡이 포자가 든 액체를, 다른 집단에는 곰팡이 포자가 없는 대조군 액체를 뿌렸다. 그 결과, 다른 업무를 수행하는 개미들 사이에 거리 두기가 강화되었다. 곰팡이에 감염된 외근직 일개미들은 왕국 밖에서 더 많은 시간을 보냈다. 왕국 내부에 있을 때는 이동 범위를 좁혀서 내근직 일개미와 접촉하는 횟수를 줄였다. 동시에 보모개미들은 새끼를 더 깊숙한 곳으로 옮겨 감염된 외근직 일개미와 접촉할 가능성을 더욱 낮췄다.

스트로메이트의 실험은 곰팡이 포자가 침입한 사실을 개미가 인식하고 적절히 반응해서 확산을 최소화한다는 점을 보여준다. 이 작은 곤충의 지능이 이렇게 높다니, 정말 놀랍지 않은가?

권투 시합과 영아 살해

박테리아나 바이러스 같은 병원균과 기생충만이 스트레스 요인이 될 수 있는 건 아니다. 생명체가 생태 보금자리를 다른 종과 공유하면 종종 자원을 두고 경쟁하게 된다. 그래서 식물과 동물은 의도적으로 서로 피한다. 그들은 소수 식량원에만 의존하거나 특히 빛과 물이 적은 상태에서 살아간다.

경쟁을 피해 서로 다른 식량원을 차지하는 좋은 예가 바로 갈라파고스섬에 사는 다윈 핀치다. 선인장핀치Geospiza scandens는 씨앗을 먹고, 큰땅핀치Geospiza magnirostris는 견과류를 쪼개 먹고, 딱따구리핀치Geospiza pallida는 곤충을 잡아먹는다. 부리 모양만 봐도 벌써 어떤 핀치가 어떤 식량을 선호하는지 알 수 있다. 뾰족한 부리가 뭉툭한 부리보다 나무에서 곤충을 더 잘 빼낼 수 있다. 심하게 구부러진 부리는 견과류와 씨앗을 쪼개기에 이상적이지만 곤충을 잡는 데는 적합하지 않다.

같은 종도 적합성을 위협한다. 정이 넘치는 동네에서도 식량, 짝짓기 파트너, 거주지 같은 동일한 자원을 두고 경쟁한다. 특히 봄에 수많은 조류와 포유류가 영토 전쟁을 치른다. 이때 점잔 빼는 일일랑 없다! 암컷을 두고 수컷들이 강하게 맞붙어 결투를 벌이다가 심하게 다치기도 한다. 이런 강한 투지는 당연히 적합성에 좋지 않다. 예를 들어 수컷 야생토끼는 저들끼리 진정한 의미의 권투 시합을 벌인다. 뒷다리로 서서 앞발로 서로 때리기 시작한다. 격렬하게 권투 시합을 하다 보면 복부 털이 뽑혀 땅에 떨어진다. 이런 하얀 털 뭉치가 바로 토끼네 결투의 증거다. 내가 진행한 현장 연구에서 이런 털 뭉치는 야생토끼의 짝짓기 시즌이 다시 시작되었다는 신호였다.

동종에서 발생하는 위험 사례가 또 있는데, 바로 영아 살해다. 자손을 죽이는 행동으로 가장 잘 알려진 사례는 사자Panthera leo 무리에서 발생한다. 생물학자들은 야생에서 새 우두머리가 무리를 장악한 후 옛 우두머리의 새끼를 물어 죽이는 장면을 목격했다. 무리의 구조에 변동이 생기면 새끼를 밴 암컷의 유산을 유발할 수도 있다. 유산 직후에 다시 암컷은 번식력을 얻고 새로운 우두머리와 짝짓기를 한다. 영아 살해는 포유류 여러 종에서 일어난다. 홍부리황새 Ciconia ciconia, 흰점찌르레기Sturnus vulgaris, 흰가슴물까마귀Cinclus cinclus 같은 조류 사이에서도 드문 일은 아니다.

○

누가, 얼마나 자주, 얼마나 오래?

다른 배우가 스트레스 요인이 되느냐 마느냐는 비생물적 스트레스 요인과 똑같이 다음 세 가지에 달렸다. 1) 생명체 자체 2) 스트레스 요인의 강도 3) 스트레스 요인이 지속하는 시간. 첫째, 어리거나 늙었거나 병든 토끼는 건강한 어른 토끼보다 훨씬 위험에 취약하다. 담비나 족제비는 토끼굴 깊은 통로까지 내려갈 만큼 유연하고 민첩하기 때문에 완전히 어른이 되기 전까지 야생토끼의 생명을 위협하는 실질적 위험이다.

둘째, 다른 생명체가 무엇을 하는지도 중요하다. 여우가 야생토끼 근처에 있더라도 토끼를 공격해야 비로소 심각한 위험이 발생한다. 또한, 토끼가 여우 한 마리의 공격만 막아내면 되는지 아니면 여러 마리의 공격을 동시에 방어해야 하는지에 따라서도 다르다. 이 점은 바이러스, 박테리아, 곰팡이 같은 병원균에도 똑같이 적용할 수 있다. 인간, 동물, 식물의 건강한 면역 체계는 개별 병원균의 공격을 잘 방어할 수 있다. 그러나 한 부대가 요새를 습격하면 아무리 튼튼한 성벽도 오래 버티지 못한다. 서양배나무Pyrus communis는 잎에 뜨문뜨문 생기는 얼룩 반점을 아무 문제 없이 견딜 수 있다. 이런 얼룩 반점은 짐노스포란지움 사비나에Gymnosporangium sabinae라는 곰팡이 때문에 생긴다. 그러나 배나무 전체 4분의 1 이상에 얼룩 반점이 생기는 순간 잎이 떨어지고 적합성은 위태로워진다.

끝으로, 스트레스 요인이 지속하는 시간도 중요한 역할을 한다. 여우가 근처에서 계속 어슬렁거리면, 직접 공격하지 않더라도 오래도록 야생토끼에게 스트레스를 유발할 수 있다. 토끼는 아마 굴 밖으로 나갈 엄두를 못 낼 것이다. 결국 토끼는 충분한 먹이를 찾지 못하고 적합성이 다시 위험에 처한다. 그러면 '여우' 인자는 비록 토끼를 공격하지 않더라도 지속 시간 측면에서 스트레스 요인이 된다.

포식자, 병원균, 경쟁 등이 거의 없는 생태 보금자리에서는 확실히 삶이 훨씬 편안하다. 적합성을 위협하는 위험이 적다. 그러나 현실은 그렇게 평화로워 보이지 않는다. 먹고 먹히는 관계, 기생, 경쟁은 언제나 한 생명체의 적합성만 각각 높일 뿐이다.

그래서 자신의 적합성을 확고히 지키려면 의도적으로 긍정적인 관계를 맺어야 한다. 한 동물이 다른 동물을 도우면서 자신의 적합성을 높이는 행동을 생물학자는 협력이라고 부른다. 먹이를 찾거나 새끼를 기를 때 동종끼리 서로 돕는 일만 협력이 아니다. 상호 이익을 위해, 즉 상생하려고 다른 종의 생명체와 관계 맺는 일 역시 협력이다. 곤충, 조류, 포유류가 꽃식물의 수분을 돕는 현상이 상생의 좋은 예다. 양쪽 모두 이익을 얻는다. 상생 관계에 있는 두 종이 함께 살때, 두 종 사이의 유익한 상호 관계가 공생 관계다.

공생은 오랜 기간에 걸쳐 서로 주고받으며 균형을 이루는 좋은 우정과 같다. 수많은 나무가 곰팡이와 이런 종류의 우정을 맺는다. 곰팡이는 나무가 뿌리 표면을 늘려서 더 많은 양분과 물을 흡수하도록 돕는다. 그 보답으로 나무는 생산한 당분을 곰팡이에게 제공한다. 곰팡이는 스스로 당분을 생산할 수 없기에 나무가 주는 당분이 꼭 필요하다. 예나대학교 미생물학자들은 비늘송이버섯Tricholoma vaccinum

이 세포 성장을 위해 식물이 분비하는 것과 똑같은 화학물질을 생산해서 파트너 나무와 의사소통까지 한다는 사실을 알아냈다. 이런 방식으로 곰팡이는 독일가문비나무Picea abies 같은 파트너 나무를 자극해서 뿌리 표면을 더 많이 늘리게끔 한다. 공생의 또 다른 예는 말미잘 속에 사는 흰동가리Amphiprion percula다. 말미잘 독은 흰동가리를 해치지 않는다. 대신 흰동가리의 포식자를 확실하게 멀리 쫓아버린다. 그 보답으로 흰동가리는 청소를 맡는다. 말미잘을 깨끗하게 유지하고 성가신 방문객을 몰아낸다.

최적의 서식지에서는 모든 공간 요소와 다른 생명체하고 맺는 관계가 적합성을 높인다. 거피는 10도 소금물보다 25도 담수에서 더 건강하게 지낸다. 새끼 야생토끼는 여우가 적은 곳에서 생존 확률이 더 높다. 그러나 살면서 늘 최고의 수행 능력을 발휘하기란 쉽지 않다. 서식지가 적합성을 위협할 수 있다. 그뿐 아니라, 다른 모든 생명체와 맺는 관계도 수행 능력에 결정적 영향을 끼친다. 다른 생명체와 주고받는 긍정적 상호작용이 적합성을 높일 수도 있다.

이런 사실을 미리 알았더라면 어쩌면 프랑크푸르트에서 내 적합성이 붕괴하는 사태를 막는 데 도움이 되었을는지 모른다. 나는 학자 경력에만 매달린 채 연구실 바깥에 있는 긍정적 관계에는 별다른 신경을 쓰지 않았다. 물론 연구실 안에서는 많은 동료와 상생 관계를 맺었지만, 적게 주고 많이 받아간 동료도 더러 있었다. 때로는 도움을 준 이웃이 사실은 양의 탈을 쓴 늑대였음이 밝혀지기도 했다. 이

런 점을 인식하고 무대와 배우가 모두 잘 맞는 장소를 찾는 일이 더욱 중
요하다!

감정은 거짓말하지 않는다

"자연은 느끼는 것이다."

— 알렉산더 폰 훔볼트

이 문장을 쓰고 있는데, 서서히 그러나 확실히 허기가 느껴졌다. 이
런 느낌이 들면 다음에 뭘 해야 하는지 정확히 안다. 먹어야 한다! 처
음에는 느낌이 희미하지만, 무시하면 점점 강해진다. 더 버티지 못
하고 결심을 저버린 채 생크림케이크를 먹을 수밖에 없을 정도가 된
다. 공공 도서관에 있는 탓에, 나는 위에서 꼬르륵 소리가 크게 나지
않도록 냉큼 허기에 굴복한다. 그리고 생크림케이크는 한결같이 맛
있다.

　고대 그리스인들뿐 아니라 클로드 베르나르와 월터 브래드퍼
드 캐넌도 알고 있었듯이 우리 몸에는 유지되어야만 하는 내부 균형,
즉 항상성이 필요하다. 수많은 과정을 거쳐야 매 순간 신체가 정상적
으로 기능한다. 그리고 충족되어야 할 욕구를 우리에게 알린다. 먹고
마시고 배설하는 욕구를 충족해야만 수행 능력이 유지된다. 허기와
갈증에 관심을 기울이지 않으면 우리의 적합성은 순식간에 바닥을

칠 것이다. 그렇다면 잘못된 장소에 와 있는 듯한 기분, 분노, 두려움 같은 감정은 어떨까? **자신의 수행 능력과 적합성을 위해 그런 감정에 주의를 기울이는 일은 얼마나 중요할까?**

맘대로 왔다가 맘대로 가는 감정

감정Gufühle, feelings을 다루는 일은 스트레스를 정의하는 작업만큼이나 시간이 많이 든다. 신경생물학자, 심리학자, 심지어 철학자들까지 감정이 무엇이고 어디에서 오고 어떻게 우리 행동을 조종하는지 알고 싶어 한다. 그러나 맘대로 왔다가 맘대로 가는 듯이 보이는 대상을 어떻게 연구할 수 있을까?

심리학자 레온 빈트샤이트는 자신의 책 『감정이라는 세계』에서 우리는 경험한 것을 이해하기 위해 느낀다고 썼다. 감정은 우리의 관심을 끌고 우리 행동을 결정한다. "감정은 언제나 진짜고, 그래서 매우 중요하다. 우리가 느끼는 것이 우리 현실이다." 빈트샤이트에 따르면, 설령 우리가 호감, 신뢰, 수치심, 혐오, 희망, 우울, 수줍음, 질투, 참을성, 공감 같은 모든 감정을 느끼는 것이 달갑지 않더라도 이런 모든 감정은 나름의 목적을 달성한다.

감정이라는 주제에 관심을 기울이면 곧바로 정서라는 또 다른 용어와 맞닥뜨린다. **정서**Emotion는 '떠나다'라는 뜻의 라틴어 emovere 에서 왔다. 그러나 스트레스와 마찬가지로 정서 역시 정체가 정확히 무엇인지 합의되지 않아 여러 개념 정의로 고통받는다. 서로 다른 분야에서 서로 다르게 정의 내렸다. 어떤 사람들은 그냥 단순하게 우리가 감동에 젖고 흥분에 떨고 특정 방향으로 움직이도록 만드는 모든 요소를 정서로 분류한다. 그러나 이렇게 개념을 정의하면 감정과 정서를 명확히 구분할 수 없다. 두 용어가 섞여서 개념이 모호해지고 서로 대체될 수 있다. 한편, 클라우스 셰러, 앙겔리카 쇼르, 톰 존스턴 같은 심리학자들은 정서를 좀 더 복잡하게 본다. 그래서 정서가 발생하는 상황을 다섯 가지 차원에서 동기화된 신체 변화 과정으로 분류하는 유명한 모델을 만들었다. 이 모델에 따르면 정서는 우리가 떠올리는 생각만으로 구성되지 않는다. 우리가 상황을 해석하는 방식, 이때 우리 몸에서 벌어지는 일, 그리고 우리가 외부에 어떤 행동을 보이느냐도 생각보다 정서에 중요하다.

한 가지 예를 들어보자. 목줄을 매시 않은 큰 개가 다가오면 우리에게 두려운 감정이 인다. 그리곤 몸집이 비슷한 개가 달려들어 뒤로 자빠졌던 어린 시절 경험을 떠올린다. 이 순간, 두려움뿐 아니라 우리 몸의 다섯 가지 요소가 정서에 포함된다.

1번 요소는 인지 시스템, 그러니까 우리가 생각하는 모든 것이다. 이 예시에서는 어린 시절 기억이다. 2번 요소는 주관적 과정으로, 상황을 바라보는 개인의 해석이다. 뭔가가 우리 마음을 움직이는지 아닌지, 그리고 그 힘이 얼마나 강한지는 우리가 전체 상황에 얼마나 많은 의미를 두느냐에 달렸다. 곧, 현재 상황을 우리가 어떻게 평가하느냐에 달렸다. 3번 요소는 우리가 상황에 대응해서 하는 행동이다. 길을 건너 다른 편으로 갈 수도 있고 아니면 달아날 수도 있

○

다. 4번 요소는 혈압이 상승하고 동공이 확장하고 식은땀이 흐르는 등 신체의 모든 생리 변화를 포함한다. 마지막으로 5번 요소는 몸짓 언어다. 어쩌면 우리는 개가 접근하지 못하도록 팔을 거세게 휘저을 수도 있다.

정서는 적합성을 개선해야 한다

조사를 하다 보니 '느낌fühlen, feeling'은 실제로 대단히 복잡한 주제였다. 무엇이 감정이고 무엇이 정서인지, 그리고 그것들이 어디에서 발생하는지 아는 연구자가 몹시 드물었다. 이 주제는 뇌 영역은 물론 우리 몸 전체와 관련이 있다. 서던캘리포니아대학교 심리학, 철학, 신경학 교수인 안토니오 다마지오의 의견도 그렇다. 다미지오는 우리 시대 가장 유명한 신경생물학자인데, 감정과 정서가 항상성을 유지하는 운영 체계 일부라고 가정한다.

항상성은 시상하부에서 조절한다. 당신도 기억하겠지만, 시상하부는 보일러의 온도조절기와 같다. 신체의 수많은 실젯값 정보가 이곳에 도달한다. 실젯값이 목푯값을 벗어난 곳이 있으면 시상하부가 개입해서 조절한다. 시상하부는 신경계를 거쳐 이를테면 허기나 갈증을 느끼게 만드는 정보를 보낸다. 그러면 행동이 바뀌고 우리는 뭔가를 먹거나 마신다. 그러나 다마지오에 따르면, 채워야 할 욕구는 허기와 갈증만이 아니다. 번식, 놀이, 호기심 역시 욕구를 충족하고 내부 균형을 유지하기 위해 신체가 요구하는 사항이다. 아하! 우리 감정과 적합성의 연결점이 여기 있었군. 자연과학자 찰스 다윈 역시 19세기에 이미 정서가 외부 스트레스 요인에 적응하는 과정이라고 생각했다. 정서는 행동이나 생리 변화와 마찬가지로 적합성을 유지하는 역할을 한다.

감정과 정서가 외부 영향에 반응하는 데 그렇게 중요하다면, 동물도 많이 느껴야 마땅하다. 그렇지 않은가? 마크 베커프는 현재 미국 콜로라도대학교 볼더 캠퍼스 생태 및 진화생물학 명예교수로, 30년 넘게 동물의 감정을 연구했다. 연구 초기에는 여러 동료에게 조롱을 받았지만 수년에 걸친 노력으로 동물도 감정이 있다는 사실을 알리는 데 크게 공헌했다. 베커프는 감정과 정서 측면에서 동물이 인간보다 절대 열등하지 않다고 보았다. 특히 편안함과 기쁨은 동물이 느낄 수 있는 첫 번째 기분이다. 그러나 슬픔도 농불 왕국에서 중요한 역할을 한다. 유명한 영장류 동물학자인 제인 구달은 어미가 죽은 이후 집단에서 물러나 홀로 지내는 8.5세 침팬지 플린트의 행동을 묘사했다. 플린트는 아무것도 먹지 않다가 결국 죽었다. 유명한 동물행동학자 콘라트 로렌츠도 짝을 잃은 후에 어린아이들이 보이는 슬픔의 모든 증상을 보인 회색기러기 사례를 보고했다. 회색기러기는 말 그대로 슬픔 앞에 고개를 떨구었다. 정서는 동물에게도 내부 스트레스 요인이 될 수 있다.

과학자들은 오랫동안 정서가 뇌의 특정 자리에서 발생한다고 가정했다. 20세기에 미국 의사이자 신경과학자인 폴 맥린이 정서의 자리로 변연계를 제안했다. 변연계는 포유류의 뇌간 주위에 있는 뇌

○

구조 집합체다. 맥린의 이론에 따르면, 사회적 상호작용을 개선하기 위해 이곳에서 정서가 발달했다. 최초 포유류에서 발달한 새끼 돌봄이 사회적 상호작용에 속한다. 그러나 계통발생학상 오래되었으며 변연계 외부에 있는 뇌 영역 역시 분노, 두려움, 슬픔, 혐오, 놀람, 기쁨 같은 감정이 발생하는 데 관여한다. 인간은 전두엽 일부인 전전두엽이 감정 경험에서 중요한 역할을 한다. 태어날 때는 뇌의 이 영역이 매우 작지만, 세월과 함께 발달하고 모든 경험과 함께 성장한다. 위험이 잠재된 상황에서 우리는 경험에 비추어 감당할 능력이 되는지 아니면 도주하는 게 나은지 더 현명하게 판단할 수 있다.

우리는 과거 상황을 떠올리고 비교한 다음 결정한다. 경험이 많을수록 비교에 활용할 수 있는 데이터베이스 규모가 커진다. 우리는 어떤 사람, 어떤 상황, 어떤 장소에서 편안함을 느낄까? 아무튼, 과학은 그것을 직감이라고 이야기한다. 우리는 감정과 정서에 따라 결정을 내린다. 직감은 이미 상황을 명확히 파악한 상태지만, 이성은 여전히 해결책을 고민한다. 빠른 결정을 요구하는 스트레스 상황에서는 특히 그렇다.

감정과 정서는 길잡이다

솔직히 말해, 나는 몹시 놀라서 정신을 못 차릴 지경이었다. 잘못된 장소에 와 있는 기분과 스트레스의 연관성을 찾는 과정에서 가장 중요한 이런 통찰을 발견했다. 감정은 진짜고, 하늘에서 뚝 떨어지는 것이 아니다! 강도를 보고 드는 두려움이나 상한 음식에서 느끼는 역겨움은 지금 우리 적합성이 위험에 처했으니 조심해야 한다고 알려주는 빨간 경고등이다. 감정은 외부 영향을 평가하고 그에 걸맞게 반응하도록 돕는다. 또한 우리가 무엇을 좋아하고 싫어하는지도 알려준다.

빈트샤이트의 관점으로 보면 불쾌감이나 지루함도 저마다 목적이 있다. 손가락을 베이면 아프듯이, 우리가 해결할 수 없는 문제를 맞닥트리면 기분이 나쁘다. 둘 다 우리 몸에서 뭔가 잘못되었다고 알리는 경고등이다. 우리는 이 모든 경고등을 믿어도 된다!

빈트샤이트는 심지어 한 걸음 더 나아가 감정을 길잡이로 본다. 그는 자신의 책에 이렇게 썼다. "지루함은 우리가 만족스럽지 않은 일을 하고 있다고 일깨워주고, 불쾌감은 적극적으로 다른 일을 찾아보라고 동기를 부여한다." 어쩌면 우리는 잘못된 일을 하고 있고, 자신에게 적합하지 않은 일을 하도록 강요하는지도 모른다. 그래서 우리의 진정한 재능을 낭비하는지도 모른다. 야생토끼조차 지렁이처럼 살려고 애쓰지 않는다. 지루할 게 불 보듯 뻔하니까!

내가 프랑크푸르트에서 진즉에 이런 사실을 통찰했더라면, 나는 틀림없이 6년 내내 그곳에서 괴로워하지 않고 일찌감치 다른 해결책을 찾았을 것이다. 하지만 그때는 '좋은 기분'이 활동적이고 건강한 생활 방식만큼 내 적합성에 중요하다고는 생각하지 못했다. 운동, 건강한 식단, 이완 훈련으로 내 몸을 돌보려고 끊임없이 노력하면서도 내 감정은 한결같이 매몰차게 무시했다. 특히 '잘못된 장소에 와 있는' 기분을 진지하게 여기지 않고 속으로 다그쳤다. '이제 그런 생각은 그만!' 나는 그저 생활공간에 요구하는 내 기준이 지나치게 높다고만 생각했다. 다른 증상이 더해지고 언젠가부터 더는 버틸 수 없게 되었을 때, 결국 나는 결론을 내렸다.

좋아하지 않는 장소에 머무는 일은 확실히 우리를 절망에 빠트리고 긴장하게 만들뿐더러, 오랜 기간 우리의 내부 균형과 적합성을 위협한다. 이때 해결책은 아주 단순하다. **기분 좋게 만들어주는 것을 찾아라!**

모든 장소에는 그곳만의 고유한 논리가 있다

"없는 감정을 가장하기보다 있는 감정을 감추기가 더 어렵다."
 − 라로슈푸코

프랑크푸르트 시절을 돌이켜보면 내 수행 능력과 적합성은 그다지 좋지 못했다. 내가 이 도시에 뿌리내릴 수 없고 그러고 싶지도 않다는 사실을 나는 뼛속 깊이 알고 있었다. 이렇게 제대로 뿌리내리지 못한 식물은 어떻게 되겠는가? 양분을 충분히 빨아들이지 못한 채 바람에 쓰러지고 만다. 프랑크푸르트에서 내 삶이 점점 더 힘들어진 건 당연했다.

프랑크푸르트에서 6년을 버티다가 이삿짐 차를 타고 베를린으로 향하고 나서야 비로소 잘못된 장소에 와 있는 듯한 기분이 사라졌다. 마침내 마인 강변 대도시에 등을 돌리게 되어 깊은 안도감이 들었다. 독일 수도로 돌아오니 금방 눈에 띄게 기분이 좋아졌다. 매일 밤 잠을 깨지 않고 푹 잤고 아침에 상쾌하게 일어났다. 고질적인 두통, 눈떨림, 탈모증이 가라앉았다. 나는 다시 집중할 수 있었다. 이듬해에 아무 문제 없이 책을 세 권이나 썼다. 게다가 7년 만에 박사학위 논문을 완성했다.

분명 동물과 식물 가운데 어떤 종은 도시에 살 수 있고 어떤 종은 살 수 없다. 우리 인간은 어떨까? 베를린에서는 살 만한데, 왜 프랑크푸르트에서는 숫제 잘못된 장소에 와 있는 기분이 들었는지 논리적으로 설명할 수 있을까? **도시는 저마다 우리가 '느낄' 수 있을 만큼 정말로 그렇게 다를 수 있을까?**

도시 고유의 논리

나는 지금껏 여러 도시에서 살아봤다. 나의 최애 도시는 베를린이다! 연애는 토론토! 원 나이트 스탠드는 파리! 그럼 프랑크푸르트는? 공포의 블라인드 데이트가 가장 잘 맞는 것 같다.

내 사랑 베를린에서는 언제나 일이 벌어졌다. 베를린은 가장 기발한 아이디어를 간직하고 있었고 내가 금전상 그다지 여유롭지 않아도 너그러이 품어주었다. 반면 프랑크푸르트는 내게 까탈스러운 여배우처럼 굴었다. 반짝이는 스카이라인 야경은 값비싼 의상의 번

쩍이는 스팽글 같았다. 이 여배우한테는 정말로 많은 돈이 들었다. 집세, 교통비, 데이트. 내가 미처 막을 새도 없이 통장 잔고가 순식간에 허공으로 사라졌다.

허공 소리가 나온 김에 공기 얘기를 좀 하자면, 유명한 베를린 공기에서는 '뭐든지 가능할 것 같은' 자유의 냄새가 난다. 반면 프랑크푸르트 공기는 돈과 경력 냄새를 풍긴다. 하물며 나는 돈이건 경력이건 별 관심이 없다. 프랑크푸르트 시내를 걸을라치면 수많은 고층 빌딩에 갇힌 기분이 들었다. 여러 은행과 증권사 사이 협곡처럼 비좁은 거리가 숨 막히게 나를 압박했다. 이 협곡 거리에서 사람들이 작고 하얀 토끼로 변해 서로에게 외치는 것 같았다. "바쁘다 바빠. 시간이 없어. 너무 늦었어." 그들은 서류 가방을 꼭 끌어안은 채 막 닫히려는 지하철 문으로 아슬아슬하게 뛰어들었다. 다음 시하철이 3분 후에 도착하는 데도 그랬다.

그러나 프랑크푸르트가 내게 나쁘기만 하지는 않았다. 장점도 있었는데, 이런저런 장소가 자전거로 갈 수 있을 만큼 가까이 붙어 있었다. 국제공항이 코앞에 있다는 점도 위안이 되었다. 아마도 맘만 먹으면 언제든 비행기를 타고 훌쩍 프랑크푸르트를 벗어날 수 있었기 때문일 것이다.

'도시 고유의 논리'에 대해 알게 되었을 때 그제야 이 도시를 혐오하는 내 감정이 이해되는 듯했다. 기억을 돕기 위해 덧붙이자면, 도시 고유의 논리란 모든 도시에 고유한 특성이 있다는 이론으로, 도시 역사가 발전하는 과정에서 형성된다.

브렌다 슈트로마이어는 이 이론의 공동 창시자인 마르티나 뢰브와 함께 베를린이 뽐내는 세계적인 매력을 소개해서 박사학위를 받았다. 오랫동안 베를린에 살다가 지금은 프랑스 마르세유에 거주하며, 2022년 5월 저서 『얼음 위에 앉아 바다를 바라보다: 직장을 그만두고 프랑스 남부로 가서 두려움을 잊게 된 이야기』Blick aufs Meer, Arsch auf Grundeis: Wie ich meinen Job kündigte, nach Südfrankreich zog und das Fürchten verlernte』를 출간했다. 의심의 여지 없이 내 책을 위해 인터뷰해야 할 적임자였다. 그는 화상으로 대화를 나누며 자신의 연구 결과, 그러니까 도시 고유의 논리가 무엇인지 내게 설명했다.

"한 도시의 역사적 사건, 건설, 생태 또는 경제 조건. 이 모든 요인이 영향을 미쳐서 도시가 특정 방식으로 경험되고 인식되며, 우리가 장소의 논리라고 부르는 것이 형성됩니다." 슈트로마이어의 설명이다. 베를린에서는 이런 고유 논리가 토박이들의 거친 행동에서 잘 드러난다. "거친 말투가 베를린 특유의 사투리 같은 거라고 이해하면, 그들의 행동을 거칠기보다는 오히려 재미있다고 여기게 됩니다. 유머 감각이 돋보이는 베를린 특유의 이런 거친 말투는 프리드리히 대왕까지 거슬러 올라가죠." 그가 덧붙였다.

새로 유입된 사람들이 기존 주민들에게 배우면서 특정한 사고방식과 행동 방식이 도시에 뿌리내린다고 슈트로마이어가 확답해주었다. 그러니까 베를린 특유의 거친 말투는 사람들이 서로를 이해하는 하나의 사고방식이다. 브렌다 슈트로마이어의 결론: "도시는 지하철 운행부터 무덤 관리까지 모두 학습했습니다."

○

장소의 논리는 건물, 공원, 놀이터 외관에만 반영되는 개념이 아니다. 이들 장소에 거주하는 사람들한테서도 드러난다. 우리가 어떤 옷을 입고 어떻게 움직이고 심지어 무슨 생각을 하는지에도 장소의 논리가 영향을 미친다. 슈트로마이어는 한 걸음 더 나아가 도시 사이에도 우리가 느낄 수 있을 만큼 아주 큰 차이가 있다고 주장했다.

말하자면 우리가 어떤 도시에 대해 생각하고 느끼고 인식하는 부분은 혼자만의 착각이 아니다! 슈트로마이어는 이렇게 분명하게 말했다. "그런 감각은 그 도시에서 기인한 진짜 인식입니다. 우리는 느낌이 좋지 않은 동네를 피하거나 환영받는 기분이 드는 곳으로 이사합니다. 모든 도시에는 우리가 의식적으로 의존하진 않지만 그래도 우리의 일상적 행동을 결정하는 현실이 있습니다. 장소 고유의 논리는 우리 행동에 영향을 끼칩니다." 광고판이나 행사 포스터에 실린 도시 사진에는 주민들의 생각이 반영되기 마련이다. 사람들은 그 장소의 역사를 생각과 행동에 생생하게 간직하며 도시 고유의 논리를 계속 실현한다.

슈트로마이어의 박사학위 논문을 보면, 주민들은 자신이 지닌 가능성 관점에서 해당 도시를 설명한다. 우리는 현재와 향후 가능성을 속으로 비교하며 주변 환경을 파악하는 것 같다. 슈트로마이어는 연구 결과를 이렇게 요약했다. "우리는 우리에게 유용하고 기분을 좋게 해주는 것들을 이 도시에서 의미 있다고 여긴다." 우리는 한 장소에서 같이 지낼 수 있는 사람이 누구일지 생각한다. 우리가 이 장소에서 잠재력을 최대한 발휘할 수 있을지 깊이 헤아린다. 그리고 이렇게 자신에게 묻는다. "이곳은 나에게 어떤 면에서 유익할까?" "이곳에서는 (이제) 무엇이 안 될까?" 그래서 결과적으로 "여기 머물러야 할까 아니면 떠나야 할까?"

장벽 때문에 오랫동안 베를린은 세계 다른 도시 대부분과는 확연히 다르게 발전했다. "이곳은 나에게 어떤 면에서 유익할까?" 이 질문에 베를린은 아주 희망적인 답변을 준다. "모든 면에서!" 독일 수도는 수많은 사람에게 마약 같은 존재인 듯싶다. 바이에른에서 베를린으로 이사를 온 한 택시운전사는 브렌다 슈트로마이어와 나눈 인터뷰에서 베를린을 너무 오랫동안 떠나 있으면 '금단현상'이 나타난다고 증언했다. 한 할머니는 처음 베를린에 왔을 때 야경에 반한 일화를 들려주었다. 모로코에서 온 한 여대생은 심지어 이렇게 주장했다. "베를린이 내 혈관 속으로 들어왔어요." 확실히 도시는 머리뿐 아니라 핏속으로도 들어가는 모양이다.

아무튼, 슈트로마이어는 화상으로 대화를 나누며 내가 프랑크푸르트라는 정말 힘든 상대를 골랐다고 말했다. "프랑크푸르트는 진입 장벽이 아주 높은 도시예요. 음식 문화부터 그렇죠. 사과식초를 뿌린 치즈 요리는 익숙해지는 데 상당한 시간이 필요합니다."

정말로 나는 전에 그런 음식을 본 적이 없다. 시크한 정장을 즐겨 입고 새섹시 성향을 추구하고 커민 치즈를 좋아하는 사람이라면 프랑크푸르트에 제대로 찾아온 것이다. 가치판단이 전혀 들어가지 않은 순수한 내 의견이다. 마르세유가 잘 맞는지 물었더니 슈트로마이어는 이렇게 대답했다. "마르세유에서는 베를린보다 더 편안하고 활기찬 기분이 들어요." 어쩐지 아주 멋진 새로운 애인을 만났다는 듯이 들렸다⋯⋯.

도시는 우리의 기본욕구를 충족해야 한다

도시 고유의 논리는 확실히 타당성이 있는 것 같다. 어떤 도시는 다른 도시보다 유난히 우리와 성격이 잘 맞는다. 그런데 정말로 그게 전부일까? 아니면 최애 도시로 선택하게 되는 이유가 또 있을까?

나는 심리학자이자 심리치료사인 메인 흥 응우옌에게 조언을 구했다. 응우옌은 독일방송 노비Nova의 저널리스트인 디아네 힐셔와 함께 주간 팟캐스트 「아흐트잠Achtsam」에서 한결 세심한 일상생활을 위한 정보를 제공한다.

특정 장소에서 잘못된 곳에 와 있는 듯한 기분이 드는 이유가 뭐냐고 물었더니, 응우옌은 심리학자이자 심리치료사인 클라우스 데트레프 그라베의 기본욕구 이론을 설명했다. 그라베에 따르면, 일상생활을 하는 동안 우리가 원하고 채워야 하는 신체적, 심리적 기본욕구가 생긴다. 이런 기본욕구가 채워져야 비로소 안정성이 생긴다. 즉, 일상이 정상적으로 돌아간다.

신체적 기본욕구는 음식, 온기, 산소, 수면이다. 심리적 기본욕구에는 흥미, 무관심, 사회적 유대감, 방향성, 통제, 자존감 보존, 상승 욕구가 포함된다. 우리는 긍정적인 경험을 바라고 불쾌한 일은 막으려고 하는데, 이런 기본욕구는 타고난다. 다시 말해 우리 유전자에 이미 새겨져 있다.

우리는 사는 동안 이런 기본욕구를 채우는 방법과 수단을 개발한다. 어떤 것에는 다가가거나 멀리한다. 어린이건 어른이건 모든 욕구가 잘 충족될수록 건강하다. 기본욕구 중 하나만 충족되지 않아도 우리는 부족함을 느끼고 불안정해진다. 배가 너무 고프면 때로 화가 나듯이, 심리적 기본욕구가 충족되지 않으면 좌절감이 든다. 모든 게 무의미해 보이는 기분이 이런 신호에 해당한다. 이런 기분은 우리 삶에 뭔가 문제가 있고 의미 있는 삶을 살고 싶은 욕구가 충분히 채워지지 않았음을 보여준다. 한 사람의 감정이 얼마나 중대한지 알려주는 또 다른 중요한 지표다!

응우옌이 강조했다. "특히 지금 여기서 우리가 어떤 기본욕구를 추구하느냐는 과거 경험에 달렸을 수 있어요." 어린 시절에 부모 또는 가까운 사람들의 애정이 부족했다면, '유대감'이라는 기본욕구가 채워지지 못한 것이다. 이런 기본욕구는 깊고 안전한 정서적 관계를 추구한다. 깊은 관계를 맺으려면 시간이 걸리므로, 애착 관계는 쉽게 대체될 수 없다. 게다가 어린 시절에 기본욕구를 충분히 채우지 못한 경험은 가슴속에 깊이 남는다.

응우옌이 내게 말하기를, 자신은 방향성 욕구를 매우 중요하게 여긴다고 했다. 3년 반을 살았는데도 여전히 베를린에서 말 그대로 방향을 잃은 기분이 들고, 길을 잃지 않으려고 항상 길찾기 앱을 이용한다고 했다. 응우옌에게 베를린은 그냥 무지 크고 무지 넓었다.
그라베에 따르면, 방향성과 안전 욕구가 충족되지 않으면 우리는 좌
절감과 불안감에 휩싸이고 자유롭지 않고 뭔가에 사로잡힌 기분이
들 수 있다.

'잘못된 장소에 와 있는 기분'이 길잡이 역할을 한다

응우옌과 슈트로마이어의 말은 나에게 놀라움과 동시에 안도감
과 기쁨을 안겨주었다. 우선 도시가 제각기 정말로 우리가 느낄 수
있을 만큼 서로 다르다는 점을 처음 알게 되어 놀랐고, 프랑크푸르트
를 싫어했던 내 감정이 그저 나의 착각이 아니라는 최후의 증거를 얻
어 안도감이 들었으며, 두 사람이 내게 설명한 내용이 스트레스를 바
라보는 내 생각과 완벽하게 맞아들어서 기뻤다.

도시 고유의 논리 이론은 결국 생태계 속성을 드러낸다. 다시
말해, 모든 것은 서로 연결되어 있고 영향을 주고받는다. 도시는 제
각기 그곳에 정확히 잘 맞을 법한 특정 행동 방식과 사고방식을 낳는
다. 아울러 우리가 원하는 것을 그 장소에서 얻을 수 있는지 끊임없
이 확인해본다는 얘기도 내가 스트레스 연구에서 이미 살펴본 내용
이다. 우리 몸이 매일 하는 일이 바로 그것이다. 우리 몸은 내부 실젯
값을 목푯값과 비교한다. 어딘가에서 두 값 사이에 차이가 생기면,
운영 체계가 재깍 반응해서 실젯값을 다시 조절한다.

내 몸이 프랑크푸르트의 성격을 첫눈에 바로 파악해서 이곳이

내게 적합하지 않다는 결정을 내렸다고 나는 이제 굳게 확신한다. 이 곳은 나와 맞지 않는다. 나는 이 도시의 일부가 되고 싶지 않고 이 도시가 나의 일부가 되는 것도 원치 않는다. 이제 나는 잘못된 장소에 와 있는 듯한 강렬한 감정이 최적의 장소로 나를 안내해줄 길잡이라고 본다. 결국, 여전히 우리는 동물이다. 그래서 우리도 되도록 적합성을 높이려고 노력한다. 그러기 위해 반드시 자식을 많이 낳아야 하는 건 아니다. 신체 건강, 정신 건강이 곧 높은 적합성을 뜻한다. **이런 욕구를 가장 잘 채울 장소로 삶이 우리를 이끌어야 당연한 거 아닐까?**

우리가 야생토끼라면

"관객은 불꽃놀이에 박수를 보내지만, 일출에는 박수를 치지 않는다."
– 프리드리히 헤벨

사람과 동물은 모두 자신이 건강하게 살 수 있는 장소에 끌린다는 사실을 나는 이제 깨달았다. 이 깨달음에 비추어 도시에 사는 수많은 동물을 새롭게 보았다.

프랑크푸르트 오페라하우스 앞에서 오물오물 풀을 씹는 야생토끼. 함부르크 항구에서 첨벙첨벙 헤엄치는 비버. 알렉산더광장을 파헤치는 멧돼지. 우리 인간만이 도시 일상을 결정한다고 생각한다면

○

엄청난 착각이다. 야생동물이 도시에 사는 것은 이제는 희귀한 현상
이 아니다. 예를 들어 베를린에는 현재 다른 어느 때보다 야생동물이
많이 있다. 멧돼지, 여우, 야생토끼 수천 마리가 교통섬, 공원, 도심
녹지에 서식한다. 심지어 족제비와 비버도 대도시에 산다. 굴뚝새에
서 지빠귀까지 온갖 새가 베를린 지붕을 순회하며 **짹짹짹 찌릇찌릇**
지저귀고 노래한다.

눈에 띄는 이런 동물들 말고도 수많은 다른 생명체가 도시 곳곳
에 숨어 산다. 믿기 어려울 정도로 다양한 무척추동물, 식물, 곰팡이
등이 전 세계 고층 건물과 쇼핑 거리 사이에 서식한다. 베를린처럼
녹지가 많은 대도시에는 심지어 푸른날개메뚜기Oedipoda caerulescens,
밀짚꽃에 속하는 헬리크리숨 아레나리움Helichrysum arenarium, 부전나
비과의 아리시아 아게스티스Aricia agestis 같은 희귀한 동식물도 있다.

우리는 문 앞의 야생에 놀란다. 대낮에 베를린 시내에서 느긋하
게 커피를 마시다가 난데없이 여우를 보게 되리라고는 아무도 기대
하지 않을 것이다. 야생토끼 현장 연구에 나섰을 때 지나가는 사람들
이 내게 묻곤 했다. 이 동물들이 도시에 잘못 와 있는 거 아닌가요?
토끼들이 사람과 도로를 겁내지 않을까요? 조금만 깊이 관심을 기울
이면 대도시에서 먹이를 찾는 비슷한 종들이 전 세계 곳곳에 있다는
사실을 금세 알 수 있다. 그러나 모든 생명체가 도시에 거주할 수 있
는 건 아니다. **그렇다면 어떤 동물과 식물이 도시에 끌릴까? 과연 도시
의 야생생물과 스트레스는 무슨 관련이 있을까?**

토끼들이 시골을 떠났을 때

당신이 야생토끼라고 가정해보자. 당신은 살기 좋은 장소를 찾아 여기저기 돌아다닌다. 새 보금자리가 반드시 갖춰야 할 몇몇 조건을 체크리스트에 적어놓았다.

1. 반드시 기분 좋게 따뜻해야 한다! 당신은 따사로운 햇살을 충분히 받고 싶고, 말 열 마리가 끌어도 절대 추운 북쪽으로 가지 않을 것이다.
2. 토끼굴을 지으려면 마른 땅이 필요하다. 모래가 많이 섞여 있어도 안 되는데, 그러면 튼튼한 굴을 지을 수 없다. 포식자가 접근할 수 없도록 가시덤불로 뒤덮인 안전한 장소가 가장 좋을 것이다.
3. 이웃이 바짝 붙어 있으면 안 된다. 당신은 조용한 걸 좋아하고, 이웃집 낯선 아이들이 당신네 앞마당에 와서 놀기를 원치 않는다.
4. 되도록 가까운 곳에 24시간 편의점이 있으면 좋다. 그곳에는 항상 신선한 풀이 있다.
5. 믿을 수 있는 안전한 이웃이 중요하다. 여우, 족제비, 매처럼 생긴 어슴푸레한 형체가 어슬렁거리는 지역에는 절대 살고 싶지 않다. 당신은 밤에 집 주변을 산책하기를 좋아하는데, 이때도 안전했으면 좋겠다.

○

야생토끼네 부동산 시장도 인간 못지않게 경쟁이 치열하다. 체크리스트의 모든 조건을 맞추기는 거의 불가능하다. 그러나 야생토끼인 당신이 운이 좋아 우연히 완벽한 장소를 발견했다고 가정해보자. 따사로운 볕이 잘 드는 언덕에 다세대주택을 짓기에 넉넉한 큰 덤불이 있다. 대형 마트가 코앞에 있고, 당신이 좋아하는 모든 물품이 거기에 있다. 넓고 조용하고 우범지대의 흔적도 전혀 없다. 최적의 장소다. 무슨 일이 있어도 여기에 살아야 한다. 당신은 열심히 땅을 파서 집을 짓고, 멋진 새집을 보며 기뻐한다. 그러나 기쁨은 오래가지 않는다. 몇 주 후 상황이 바뀐다. 다른 야생토끼들이 이웃으로 이사를 오고 당신 집 주위에 그녀들 굴을 만든다. 심지어 당신의 단골 대형 마트도 이용한다. 이 정도 이웃은 괜찮다고 당신은 생각한다. 이제는 최적의 환경은 아니지만, 그래도 꽤 살 만하다. 2주 후에 더 많은 새 이웃이 이사를 온다. 이제 마을은 서서히 비좁아진다. 점점 마트 선반이 비고, 호기심 많은 이웃집 아이들이 자꾸 당신 집을 기웃거린다. 당신은 전술을 바꿔 먼 길을 돌아 다른 마트에 간다. 약간 불편하긴 해도 아직은 살 만하다. 그러나 이제 덤불 뒤에 잠복하는 불쾌한 형체들이 점점 눈에 띈다. 여우, 족제비, 매……, 부모님이 경고했던 모든 형체가 어른거린다. 이웃은 아이들을 밖에 나가지 못하게 단속하고, 당신도 생명의 위협을 느낀다. 게다가 날씨까지 몹시 추워지고 있다. 더는 못 견디겠다고 당신은 생각한다. 이 모든 조합은 당신 적합성에 전혀 도움이 되지 않는다. 당신은 여길 떠나야 한다. 그러나 어디로 가야 한단 말인가?

게으름뱅이의 천국, 도시?!

야생토끼인 당신은 주변 시골에서 굴을 팔 수 있는 **빽빽한 덤불**을 찾지만, 헛수고다. 시야가 탁 트인 넓은 벌판이 눈앞에 펼쳐진다. 아무리 둘러봐도 보호막 구실을 할 가시덤불은 없다. 이 넓은 농지에는 언제나 한 가지 작물만 자라고, 당신은 그것만 먹으며 살고 싶진 않다. 당신은 연하고 신선한 풀을 원하지만, 농지와 숲 사이에는 먹을 만한 게 없다. 특히 겨울에는 앞니로 씹을 괜찮은 풀을 얻기가 불가능하다. 하물며 끔찍하게 춥기까지 하다! 부족한 먹이와 찬 공기는 무엇보다 어린 야생토끼들에게 죽음의 조합이다. 물론, 그전에 여우와 맹금류에게 잡아먹히지 않았다면 말이다.

이제 야생토끼인 당신이 프랑크푸르트에 왔다고 가정해보자. 당신은 이곳이 더 따뜻하다는 사실을 단박에 알아차린다. 도시가 더 따뜻한 건 아주 정상적인데, 열섬 현상 때문이다. 수많은 도로와 건물이 빠르게 가열되고 천천히 식기에, 도시는 주변 지역보다 항상 5도가량 더 따뜻하다. 더불어 공기 중 배기가스가 구름 형성을 촉진한다. 그런데도 도시는 열대성 기후처럼 고온 다습하기는커녕 사막처럼 건조하고 덥다. 특히 하수도 시스템이 빗물을 빼낸다. 당신은 원래 이베리아반도 출신이라 건조하고 따뜻한 기후를 좋아한다.

깜짝 선물이 더 있다. 사방에 저렴한 부동산이 널렸다! 모든 공원은 녹지관리국이 공원 경계를 표시하려고 심어놓은 **빽빽한 가시덤불**로 둘러싸여 있다. 덕분에 그들은 의도하지 않았겠지만 야생토끼 집단 거주지의 토대가 마련되었다. 여기서 끝이 아니다. 덤으로 녹지, 작은 정원, 공원에는 진수성찬이 차려진다. 아삭아삭 샐러드와 신선한 풀이 있다. 때로는 아주 친절한 행인들 덕분에 음식이 토끼굴 입구까지 배달되기도 한다.

또한 이 새로운 땅은 훨씬 안전하다. 물론 여기에도 여우, 족제비, 맹금류 같은 포식자가 살지만, 그들은 당신처럼 날쌘 야생토끼를 굳이 힘들여 사냥하지 않는다. 도시에는 인간이 버린 음식 찌꺼기가 널려서 그들은 밤에 쓰레기 더미만 뒤지면 된다. 도시에는 식량과 자원이 넉넉해서, 굳이 거리에서 습격하거나 살해할 필요가 없다.

요컨대 도시 생활은 적합성 계좌에 아주 유익하다. 먹이가 많고 포식자 위험이 적어 당신의 수명이 연장된다. 따뜻한 기온이 또한 봄 기운을 풍겨 번식 욕구를 더 일찍 촉진한다. 도시에서는 2월에 벌써 짝짓기를 시작하고 10월이 되어야 멈춘다. 시골에 살 때는 3월이라야 짝짓기할 기분이 생겼고 9월이면 다시 흥미를 잃었다. 짝짓기 시즌이 길면 어렵지 않게 1년에 한 번, 어쩌면 심지어 두 번 더 많이 새끼를 낳는데, 그러면 적합성이 높아진다. 봄에 번식 욕구를 느끼는 건 당신만이 아니다. 도시에 사는 지빠귀, 개똥지빠귀, 핀치, 유럽찌르레기 등도 시골에 사는 동종보다 더 일찍 구애 행동을 시작한다. 수많은 새와 작은 포유류는 울타리 사이, 지붕 틈새, 담장 균열에서 안전하게 새끼를 낳는다. 식물조차 도시에서 더 일찍 만개하고, 초식동물에게 풍성한 식탁을 제공한다. 이처럼 도시 생활은 많은 종의 적합성에 긍정적 영향을 끼친다. 여러 연구가 보여주듯이, 도시에서는 생명체의 번식 기간이 더 길뿐더러 자손 수도 더 많다. 시골에서는 어린 동물 대다수가 겨울에 죽지만 도시에서는 더 많은 식량과 더 따뜻한 기온 덕분에 힘든 겨울을 잘 견딜 수 있다. 도시에 거주하는 이유로 이보다 더 좋은 게 있을까?

토론토 근교의 건축 잔해

도시는 동물한테만 좋은 서식지가 아니다. 시골에는 없는 여러 식물 종을 도시에서 볼 수 있다. 박사과정을 밟는 동안 캐나다 토론토에서 지낸 적이 있는데, 그곳에 가서야 인상 깊은 식물 서식지인 레슬리 스트리트 스피츠가 토론토에 있다는 사실을 알았다.

레슬리 스트리트 스피츠는 토론토 동쪽 근교에서 온타리오호 방향으로 최대 5킬로미터까지 허처럼 불쑥 튀어나온 땅이다. 1950년대에 토론토 외곽 항구의 부두로 조성된 반도인데, 선박 교통량이 기대만큼 많지 않았다. 반면 토론토는 점점 성장했고, 그렇게 생겨난 건축 잔해에 도시가 파묻힐 지경이었다. 정부는 고민할 필요도 없이 이 반도를 건축 폐기물 폐기장으로 활용했다.

시간이 흐르면서 자작나무Betula pendula, 눈양지꽃Potentilla anserina, 도꼬마리Xanthium strumarium 같은 개척자 식물들이 레슬리 스트리트 스피츠에 뿌리를 내렸다. 개척자 식물이란 자갈, 모래 구덩이 또는 도시 불모지에서 싹을 틔우는 최초 식물을 가리킨다. 그들의 뿌리는 땅속 깊이 도달해서 느슨한 비탈과 둑을 단단하게 다진다. 잎은 강한 바람과 빗방울을 막아 땅을 보호한다. 그런 식으로 개척자 식물은 흙의 유실을 방지한다. 시간이 지나면서 척박했던 땅이 비옥하게 바뀌고, 이제 다른 까탈스러운 식물들도 이곳에서 자랄 수 있다.

오늘날 레슬리 스트리트 스피츠에는 400종이 넘는 다양한 식물이 있다. 반도 대부분은 포플러나무로 덮였다. 수많은 식물의 씨앗들은 건축 잔해에 섞이거나 바람이나 새에 실려 이른바 항공편으로 배달되었다. 이 반도는 오늘날 스트레스에 시달리는 토론토 시민들만의 자연 낙원이 아니다. 매년 수많은 철새가 이곳에 들른다.

토론토 외곽에만 흥미로운 식물 군락지가 있는 건 아니다. 독일 루르 지역이나 베를린 불모지에도 새로운 식물이 은밀하게 조용히 뿌리를 내리고 있다. 요구사항이 전혀 없는 아주 무던한 이끼류와 지의류가 자갈밭이나 모래 토양에서 먼저 자란다. 그런 다음 노란색 꽃이 피는 양미역취Solidago canadensis나 길쭉한 분홍 꽃잎이 특징인 분홍바늘꽃Epilobium angustifolium 같은 큰 다년생식물이 온다. 이 단계에서 인간이 개입하지 않으면 이곳에는 점차 가시덤불과 다른 관목이 무성하게 자랄 것이다. 30년에서 50년이 지나면 자작나무 숲이 형성된다. 다시 50년이 흐르면 마지막 단계로, 우거진 삼림이 된다.

이런 천이°의 모든 단계와 기간에 무척 다양한 식물과 동물이 한자리에 모인다. 또한 언제나 놀라운 일이 일어난다. 이를테면 우리

° 한 생물 군락이 환경 변화에 따라 새로운 식물 군락으로 변해 가는 과정

눈양지꽃은 개척자 식물의 전형으로 불모지에 가장 먼저 싹을 틔운다.

가 도시에서 만나리라고는 절대 기대하지 않는 고도로 특화된 동식물이 이곳에서 새 보금자리를 찾는다. 베를린 철도 조차장이던 템펠호프가 그런 천이의 또 다른 예다. 1995년에 독일철도는 전체 면적 중 18헥타르를 베를린의회에 양도했다. 더는 조차장으로 이용하지 않게 된 이 지역을 동물과 식물이 다시 정복했다. 오늘날 이 오래된 조차장은 '쇠네베르크 쥐트겔렌데 자연공원'이라 불리는 자연보호 구역이 되었다. 현재 주로 아카시나무와 흰자작나무로 구성된 혼합림이 부지의 3분의 2를 차지한다. 들판, 풀밭, 관목 군락지에 만발한 꽃들이 온갖 종류의 야생 꿀벌을 끌어들인다. 그중에는 어리꿀벌Colletes fodiens 같은 희귀종도 있다.

○

종속자와 기피자

도시에 정착하는 것과 그곳에서 오래도록 생존하고 번식하는 것은 별개다. 도시에서 볼 수 있는 동물과 식물 종은 대개 비슷하다. 거기에는 외래종도 많이 포함된다. 생명체가 분주한 도시 생활에 어떻게 반응하느냐는 그 생명체의 식생과 필요조건에 따라 다르다. 그래서 미국 코넬대학교 어맨더 로드월드와 오하이오주립대학교 스탠리 게어트 두 도시생물학자는 도시에 반응하는 양상에 따라 종을 다음과 같이 다섯 가지 범주로 분류하자고 제안한다.

1. 도시에 의존하는 종(도시 종속자)
2. 도시 자원을 이용하는 종(도시 착취자)
3. 도시를 견딜 수 있는 종(도시 내성자)
4. 도시를 기피하는 종(도시 기피자)
5. 도시에 절대 나타나지 않는 종(도시 불가자)

1. 도시에 의존하는 종의 대표는 생쥐Mus musculus, 집비둘기 Columba livia, 집참새Passer domesticus다. 이 동물들은 이미 오래전에 인간을 따라 도시로 들어왔다. 그 뒤 시간이 흐르면서 도시에서 인간이 의도치 않게 만들어낸 식량원이나 은신처에 의존하게 되었다. 이런 '도시 종속자'는 도시에서 개체군 밀도가 가장 높고 시골에서는 아주 드물게 발견된다. 작고 날쌘 생쥐 부류는 도심 밀집 지역에서 눈에 띄지 않게 이동할 수 있고, 인간과 직접 접촉을 피할 수 있다.

2. 붉은여우Vulpes vulpes, 유럽오소리Meles meles, 라쿤Procyon lotor, 야생토끼는 대표적인 '도시 착취자'다. '도시 종속자'와 달리 이들은 인간 자원에 반드시 의존하지는 않지만 이용할 순 있다. '도시 착취자'는 대개 도심 외곽 넓은 공원 지역에서 많은 개체가 관찰된다.

3. 흰꼬리사슴Odocoileus virginianus, 붉은스라소니Lynx rufus, 녹색아놀도마뱀Anolis carolinensis 같은 동물은 '도시 내성자'에 해당한다. 이들은 때때로 도시 자원을 이용하지만, 인간 주변에 오래 머무르지 않는다. 그래서 길게 보아 이곳에서 생존하거나 번식하지 못할 것이다.

4. 퓨마Puma concolor, 꿩Phasianus colchicus, 말승냥이Canis lupus는 의도적으로 도시를 기피한다. 어쩌다 몇몇이 길을 잃어 도시를 거닐 수는 있지만, 그곳에 머물지 않을 테고 번식은 두말할 필요도 없다. '도시 기피자'는 대개 먼 거리를 이동하고 인간이 방해하면 매우 민감하게 반응한다.

5. 유럽자고새Perdix perdix, 들고양이Felis silvestris, 눈표범Panthera uncia을 도시에서 만날 가능성은 매우 낮다. 이런 종은 '도시 불가자'에 해당한다. 경계심이 많고 자기 서식지에 매우 특화되었기에 도시 근처에 섣코 발을 들이지 않을 것이다.

생쥐, 붉은여우, 라쿤 같은 '도시 종속자'와 '도시 착취자'는 특히

∘

뛰어난 적응력으로 우리 도시를 정복하는 데 성공했다. 이들은 광서식지 생물의 전형이고, 여러 환경요인의 허용범위도 넓다. 그래서 결과적으로 넓은 생태 보금자리를 차지할 수 있다. 기억나는가? 한 생명체의 생태 보금자리는 생물 및 무생물 세계와 맺는 모든 상호작용의 총합이다. 생태 보금자리가 넓을수록 식량원이나 둥지 자리를 선택할 기회가 많다. 생태 보금자리가 넓은 광서식지 생물은 간단히 '제너럴리스트'라고도 불린다. 제너럴리스트는 대부분 잡식성이고 까다롭지 않게 아무거나 잘 먹는다. 긴급 상황에서는 글자 그대로 파리도 잡아먹는다.

광서식지 생물인 제너럴리스트 반대편에는 유럽자고새나 눈표범 같은 협서식지 생물인 '스페셜리스트'가 있다. 그들은 대부분 아주 특정한 조건에 적응하기에, 어쩌다 있는 미미한 서식지 변동만 허용한다. 그래서 스페셜리스트의 생태 보금자리는 아주 좁고, 거기서 소수 또는 심지어 단 하나의 식량원을 이용한다. 까다로운 주인공인 터라 촬영 중간 쉬는 시간에는 그들에게 딱 맞게 준비한 단 한 가지 케이터링을 요구한다.

코알라Phascolarctos cinereus가 이런 주인공에 속한다. 그들은 호주에 서식하는 600종 넘는 유칼립투스 중 오직 70종의 잎, 껍질, 열매만 먹는다. 독일에도 극한의 식량 스페셜리스트가 있다. 가위벌과의 오스미아 아둔카Osmia adunca 암컷은 지칫과 식물 에키움 불가레Echium vulgare에서만 꽃가루를 수집한다.

서식지는 생명체의 수행 능력과 적합성에 영향을 끼친다. 특히

'도시 종속자'는 늘 도시에 마음이 끌렸다. 집비둘기와 생쥐는 중세 시대에 이미 석조 건물에서 은신처를 찾았고, 정착한 인간이 가져온 풍부한 식량원을 이용했다. 농촌 지역에 개간 사업이 증가하면서, 다른 종들도 새로운 서식지를 찾아야 한다는 압박을 받는다. 집약 농업과 교통을 위해 개간된 지역에서 동물들은 보금자리를 짓는 데 필요한 **빽빽**한 덤불을 거의 찾을 수 없다. 게다가 공급되는 식량도 도심만큼 풍부하지 않다. 여력이 되는 자들은 살기 위해 도시로 간다.

이런 변화는 독일에만 국한되지 않는다. 전 세계 대도시가 현재 도시만의 고유한 생태계를 품고 있다. 붉은꼬리말똥가리Buteo jamaicensis는 뉴욕 5번가에 둥지를 틀고, 희귀종인 짧은주둥이해마 Hippocampus hippocampus는 런던 템스강에서 헤엄친다. **우리 인간은 미래에 도시의 야생에 익숙해지고 그 풍경을 즐기게 될 것이다.**

3장

자연은

불안과 친구가 된다

생명은 적응한다

"자연의 속도를 배워라. 자연의 비결은 인내다."

– 랠프 월도 에머슨

'도시 고유의 논리' 덕분에 나는 모든 도시에 고유한 특성이 있다는 개념을 이해했다. 이 특성은 그곳에 거주하는 사람들한테서도 드러난다. 거주민의 사고방식과 복장, 심지어 나누는 대화에서도 그들이 사는 도시의 고유한 특성을 엿볼 수 있다.

　새로운 곳에 가면 우리는 그곳 고유의 논리와 맞지 않는 모습을 종종 보이기도 한다. 프랑크푸르트 동료들이 매일 아침 "모두들 안녕 안녕하신가요? 좋은 아침아침입니돠!"라고 인사를 건네는 통에 나는 참 부담스러웠다. 처음에는 사투리뿐 아니라 쏟아지는 단어의 폭격도 버거웠다. 브란덴부르크 출신인 나는 원체 과묵하게 자랐기 때문이다. 그러나 시간이 흐르면서 프랑크푸르트 사투리가 내 언어에도 물들기 시작했다. 나는 점점 더 많이 이 도시를 알아 갔다. 단골 식당이 생겼고 새로운 친구들도 사귀었다.

인간은 한 도시에 오래 머물수록 그곳에 잘 적응하는 모양이다. 다른 생명체도 그럴까? 만약 그렇다면 우리가 나고 자란 곳에 그냥 계속 머무는 편이 최고 아닐까? 달리 물으면 **집이 역시 최고고, 적합성도 가장 높지 않을까?**

적응 없이는 적합성도 없다

진화생물학에서는 생명체가 그들과 그네들 조상이 가장 많은 시간을 보낸 곳에서 스트레스를 가장 적게 받는다고 이야기한다. 한 장소에 오래 머물수록 그곳의 생활 조건을 파악할 시간이 많아지기 때문이다. 기온, 강수량, 일조량이 1년 동안 어떻게 변화하는지, 어떤 식량원이 언제 어디에 있는지, 어떤 포식자를 조심해야 하는지 등등 말이다. 생명체는 시간이 지날수록 주변 환경에 더 잘 적응한다. 그런데 **적응**이라는 용어는 정확히 어떤 의미일까?

진화생물학 관점에서 볼 때 적응은 유기체의 생존 확률을 높이고 성공적인 번식을 돕는 모든 특성이다. 그래서 적응의 목표는 유기체가 놓인 환경에서 적합성을 최대한 높이는 데 있다. 적응은 표현형과 유전자형 모두에 영향을 끼칠 수 있다. 표현형이란 형태, 색깔, 신체 기능, 행동에 이르기까지 생명체의 모든 외적 특성의 총합을 말한다. 오징어는 순식간에 몸 색깔을 바꿔 주변 환경에 숨어들 수 있다. 물론 표현형을 바꾸는 데는 한계가 있다. 이를테면 파리는 코끼리가 될 수 없다. 생명체는 표현형의 가소성 한계 안에서 형태, 색깔, 행동을 바꿀 수 있다.

반면 유전자형은 생명체의 전체 유전적 구성인 DNA다. 그래서 유전자, 곧 DNA의 개별 조각으로 구성된다. 대다수 유전자에는 눈 색깔 같은 특정 특성을 위한 설계도가 들어 있다. 유전자가 읽히고 단백질이 형성되면, 그 특성이 표현형으로 겉에 드러난다. 그러나 DNA에는 표현형이 발현하는 데 관여하지 않는 유전자도 많이 있다. 이런 이른바 비코딩 유전자의 기능은 오늘날에도 과학자들에게 많은 수수께끼를 남긴다.

표현형과 달리 유전자형은 쉽사리 바뀌지 않는다. 다음 세대에서 효력을 낼 설계도가 바뀌는 일은 정말로 드물다. 그러나 인간, 동물, 식물, 심지어 박테리아의 유전자는 서식지에 변화가 생기면 그에 따라 훨씬 빈번하게 스위치가 켜지거나 꺼진다. 유전자 기능의 이런 변화를 다루는 학문이 후성유전학이다.

진짜 주인공은 스트레스 반응이다

적응이라는 용어는 내가 스트레스 개념을 정의한 연구 자료를

○

조사할 때 이미 여러 번 얼짱거리며 내 앞을 방해했다. 스트레스의 아버지 한스 셀리에는 열기나 냉기 또는 화학물질에 실험쥐가 보인 반응을 처음에는 '일반적응증후군'이라고 불렀다. 그렇다면 적합성이 떨어질 때마다 스트레스가 발생한다는 생각과 '적응'이라는 용어는 어떻게 연결될까?

적응의 목표는 적합성 향상이다. 스트레스가 적합성을 떨어트리기 때문에 적응과 스트레스는 서로 반대되는 성질을 지녔다. 그럼 이제 스트레스에 맞서는 모든 반작용이 적응일까? 애석하게도 그렇게 간단하지 않다. 적응과 경쟁하는 또 다른 단어가 만들어졌기 때문이다. 바로 스트레스 반응이다!

진화생물학이 다루는 스트레스 개념에서는 적합성 회복이 목적인 반작용을 스트레스 반응이라고 한다. DNA, 생리 과정, 행동 등에 변화가 나타나면 스트레스 반응일 수 있다. 이상적일 때, 스트레스 반응은 스트레스 요인에 대등하게 맞설 수 있고 적합성을 회복하거나, 나아가 개선할 수 있다.

스트레스 반응을 정의하는 개념은 적응을 정의하는 개념과 의심스러울 정도로 유사해 보인다. 둘 다 앞에 놓인 상황에서 최선을 다해 생존과 적합성을 보장하는 임무를 띤다. 그렇다면 이제 스트레스 반응과 적응은 같은 것일까?

스트레스와 그에 관련된 모든 신조어처럼 스트레스 반응과 적응 역시 비슷하다고 어쩌면 당신은 이미 생각했으리라. 학술 문헌에서 이들 용어를 색종이 꽃가루처럼 마구 섞어 사용한다. 단지 몇몇 과학자들이 적응과 스트레스 반응 사이에 차이가 있기는 한지, 있다면 어떤 차이인지 확인하려 애쓸 따름이다.

이 책을 위한 모든 조사를 마쳤고 15년 넘게 생물학을 연구해 온 나는 이 문제를 이렇게 본다. 단세포생물, 곰팡이, 식물, 우리 인간을 포함한 동물은 사는 동안 더위, 추위, 병원체 등 수많은 스트레스 요인에 노출된다. 스트레스 요인에 대처하는 반응으로, 적합성을 완전히 또는 적어도 일부나마 회복하기 위한 반작용이 유기체에서 일어난다. 이 반작용이 스트레스 반응이다.

스트레스 반응이 스트레스 요인에 성공적으로 맞설 때마다 이제 유기체는 이전의 유기체가 아니다. 경험을 하나 더 쌓았고 거기서 뭔가를 배웠다. 스트레스 반응으로 등장해서 스트레스 요인을 처리하는 데 도움을 주는 모든 새로운 특성이 '적응'이다.

당연히 내가 최초로 그런 생각을 한 사람은 아니다. 유기체가 스트레스 반응을 극복한 후 발전하는 원리는 한스 셀리에의 헤테로스타시스에도 담겼다. 기억을 돕기 위해 덧붙이자면, 셀리에는 시련을 이겨내고 살아남은 실험쥐들의 회복력이 이물질을 주입하기 전보다 더 높아진 사실을 알아차렸다. 실험쥐들 내부에 뭔가 변화가 있었고, 그런 만큼 다음번 시련에는 과도한 스트레스 반응을 보이지 않은 듯하다.

도시토끼가 더 용감할까?

프랑크푸르트 야생토끼를 보면 적응과 스트레스 반응의 관련성을 아주 쉽게 이해할 수 있다. 그들은 피식자 동물이기 때문에 안전한 굴로 날쌔게 도주하는 행동은 적합성을 유지하는 데 가장 중요한 스트레스 반응이다. 그러나 삶의 모든 일이 그렇듯, 스트레스 반응에도 단점이 있다. 가장 큰 단점은 아주 많은 에너지가 든다는 것이다. 도주 또는 투쟁 반응에서 특히 분명하게 드러난다. 호흡이 빨라지고, 심장이 더 빨리 뛰고, 근육이 에너지를 더 많이 태운다. 길게 보면 이런 스트레스 반응은 유기체에 이득보다 손실을 더 많이 안길 수 있다. 스트레스 반응에 소비한 에너지는 이제 다른 신체 기능에 투입할 수 없다. 게다가 토끼가 줄곧 투쟁하거나 도주하는 상태라면, 먹거나 쉬면서 다시 자원을 보충할 시간이 없다. 이는 빠져나갈 길도 주유소도 없는 고속도로 일차선을 시속 220킬로미터로 계속 과속하는 상황이나 마찬가지다. 언젠가는 결국 연료가 바닥나고 차량이 심하게 낡는다. 그래서 특히 도시에 사는 동물은 조그만 소리에도 놀라 얼른 달아나 봐야 별 도움이 안 된다. 그랬다가는 끊임없이 사람들이 지나다니는 도시에서 계속 도주만 해야 할 테니까 말이다.

동물이 도시 생활에 얼마나 적응했는지 알아보기 위해 도시생태학자들은 이른바 도주 거리를 주로 측정한다. 도주 거리란 사람이 다가갔을 때 동물이 도주하기 시작하는 접근 거리를 말한다. 도주 거리를 측정하려면 언제나 같은 사람이 같은 속도로 동물에게 접근하는 것이 가장 좋다. 출발점을 고정해놓고, 동물이 a) 접근해 오는 사람을 본 지점과 b) 겁을 먹고 도주하기 시작한 지점을 정확히 기억하는 것이 중요하다.

파리수드대학교 안데르스 파페 묄러는 수십 년간 도시와 시골을 오가며 새들의 도주 거리를 조사했다. 새들은 사람이 지나갈 때마다 도주할까, 아니면 도시 사람들이 대개 위험하지 않다는 점을 배웠을까? 여러 연구에서 묄러는 도시에 사는 새의 도주 거리가 시골 동료들보다 짧다는 점을 확인할 수 있었다. 취리히에 사는 유라시아대륙검은지빠귀Turdus merula가 한 예다. 그러나 시간이 중요한 요소다. 도시에 처음 정착한 뒤로 몇 세대가 지났는지 측정했을 때, 정착 기간이 길수록 도주 거리는 짧다. 또한 2022년 새로운 연구에서 밝혀졌듯이, 숨어들 수 있는 덤불의 밀도도 도주 거리에 영향을 미친다. 도시에 사는 새들의 도주 거리는 자연 녹지가 특히 많은 곳에서 가장 짧았다.

도시에 사는 새 연구에 한껏 감탄해서 나도 프랑크푸르트 야생 토끼의 도주 거리를 측정해보고 싶어졌다. 마인강 대도시에 사는 토끼들이 보이는 것처럼 정말로 아주 잘 지내고 있다면, 도주 같은 스트레스 반응을 거의 드러내지 말아야 마땅하다. 나는 즉시 몇몇 대학생들에게 도움을 요청했고, 그들과 함께 내 연구 지역에서 도주 거리 실험을 병행했다. 우리는 총 239마리 토끼를 테스트했다.

그 결과, 실제로 도시 지수가 높아질수록 토끼의 도주 거리는 점점 짧아졌다. 시골에서는 토끼들이 벌써 50미터 거리에서 나를 보고 달아났다. 반면 도심에서는 겨우 몇 미터 떨어진 곳까지 접근해도 토끼들이 달아나지 않았다. 도시토끼가 시골토끼보다 스트레스 반응이 덜하다는 명백한 증거다.

그러나 나는 이 결과에 만족하지 않았다. 도시 야생토끼들은 두려워할 일이 없어서 도주 거리가 더 짧았을까? 아니면 다른 이유가 있었을까? 도시토끼들은 실제로 얼마나 많이 인간에게 방해를 받았을까?

그래서 나와 대학생들은 두 번째 연구에 돌입해 잠복을 시작했다. 우리는 교대로 시골 지역, 넓은 교외 공원, 프랑크푸르트 도심에서 각각 네 개씩 토끼굴을 관찰했다. 첫 번째 야간 잠복에서 도시에 있는 토끼굴 주변에 여우나 맹금류가 전혀 없다는 사실이 밝혀졌다. 반면 시골 지역에서는 토끼굴 위에서 원을 그리며 나는 맹금류를 자주 볼 수 있었다. 여우도 이따금 나타났다.

프랑크푸르트 도시토끼들은 확실히 시골 동료들보다 여우, 담비, 맹금류의 공격을 덜 두려워해도 됐다. 설명하자면 이렇다. 비록 도시에도 토끼의 천적이 있긴 하지만, 여우와 그 밖의 천적들도 도시 생활에 적응했다. 그들은 토끼를 사냥하기보다 쓰레기통에서 간식을 꺼내 오기를 선호한다. 특히 맹금류는 도심의 좁은 녹지에서 토끼를 사냥하기가 쉽지 않다. 시골에서는 매가 넓은 들판에서 끈질기게 토끼를 추적하지만, 도심의 빽빽한 빌딩 숲에서는 그럴 수가 없다. 도시토끼들이 포식자의 공격을 걱정할 또 다른 이유가 과연 더 있을까?

　　몇몇 도시생태학 연구에 따르면, 도시에서 자유롭게 돌아다니는 개와 고양이도 작은 야생동물에게는 위협이 될 수 있다고 한다. 그래서 우리는 실험을 확장해서 일출 한 시간 전부터 일몰 한 시간 후까지 낮에도 토끼굴을 관찰했다. 15분 단위로 굴 주변 50미터 이내에 얼마나 많은 토끼가 뛰어다니는지 세었다. 추가로 얼마나 많은 사람, 개, 다른 동물이 근처에 머무는지도 기록했다. 이 15분 간격 사이에 우리는 야생토끼 한 마리를 골라 행동을 자세히 관찰했다. 굴에서 나오면 토끼들은 무얼 할까?

　　경계심이 많은 동물일수록, 서식지에서 더 많은 위험을 두려워할 수밖에 없다. 그래서 나는 적을 살피는 태도, 이른바 **각성도**에 관심이 생겼다. 각성도는 생명체의 경계심을 가늠하는 척도다. 다가오는 위험을 알아차려야 제때 대응할 수 있으므로, 경계심은 도주에 성공하는 전제 조건이다. 토끼의 각성도는 수월하게 알아볼 수 있다. 토끼는 뒷다리로 서서 귀를 쫑긋 세우고 위험이 다가오는지 살핀다. 도시토끼들은 전체 시간의 20퍼센트만 적을 살피는 데 쓴다. 반면 시골 야생토끼들은 40퍼센트를 경계에 투자하는데, 이는 도시 동료보다 두 배나 많은 시간이다. 도시토끼들이 낮에 과감하게 굴 밖으로 나온다는 점도 흥미로웠다. 그들은 여유롭게 풀을 씹거나 여기저기 뛰어다니며 시간 대부분을 보냈다. 프랑크푸르트 시민들이 걸어서 출퇴근하는 러시아워에 토끼들이 특히 많이 움직였다. 러시아워 동안 행인들에게 길을 내어주려고 분주히 움직이는 듯 보였다. 반면 시골토끼들은 해가 지고 밤이 되어야 비로소 굴 밖으로 나왔다. 그들에게는 두려운 대상이 프랑크푸르트 공원과 도심에 사는 토끼들보다 확실히 더 많았다. 시골에는 목줄을 매지 않고 돌아다니는 개가 훨씬 많았다. 그중 일부는 토끼굴로 곧장 달려가 입구에 주둥이를 들이밀었다. 반면 도시에서는 개들이 대개 목줄을 하고 있었다. 그렇다면 고양이는 어땠을까? 시골에서나 도시에서나 우리는 어린 야생토끼를 공격하는 고양이를 관찰하지 못했다.

세 번째 연구에서 나와 대학생들은 포식자의 공격을 시뮬레이션해보았다. 우리는 쉽게 접근할 수 있는 토끼굴을 골랐다. 한 대학생이(이름이 주잔네였다) 크게 나선을 그리며 토끼굴을 향해 달려가 토끼들이 모두 굴 안에 숨도록 유도했다. 그런 다음 굴을 지나쳐 50미터 떨어진 곳에 몸을 숨겼다. 토끼들 눈에 띄지 않게 숨어서, 첫 번째 동물이 과감히 다시 굴 밖으로 나올 때까지 시간을 쟀다. 이렇게 설계한 실험은 시골과 근교 공원에 사는 야생토끼에게 아주 잘 맞았다. 그러나 프랑크푸르트 도심에서는 온갖 시도를 다 해봤지만, 토끼들을 굴속으로 몰아넣을 수 없었다. 토끼들은 계속 주변을 뛰어다녔고 얼마 후 다시 느긋하게 풀을 뜯었다. 결과: 도시토끼를 잠시나마 '굴 안으로 들여보내려는' 15차례 시도 중 14차례를 실패했다. 확실히 그들은 우리한테서 달아날 필요를 느끼지 않았다. 인간이 위험하지 않다는 걸 알았다.

반복은 지혜의 어머니

이 모든 실험을 진행하며, 도시토끼가 시골 동료들보다 훨씬 '담력'이 세다는 점을 확인했다. 처음 도시에 정착한 토끼들은 아마도 사람을 만나면 달아났을 것이다. 그러나 달아날 때마다 그 많은 행인이 위험하지 않다는 사실을 경험했고 그 자리에 느긋하게 머물러도 괜찮다는 점을 점차 깨달았음 직하다. 인간은 귀찮은 존재일 수 있으나, 목숨을 위협할 만큼 위험하진 않다. 도리어 토끼굴 앞에 당근과 상추를 두고 갈 정도로 친절한 인간도 있다.

도시토끼는 확실히 이런 상호 관계를 학습했다. 행동생물학에서 다루는 학습 개념은 동물이 과거 경험에 비추어 비슷한 상황에서 행동을 바꾼다는 의미다. 그래서 학습의 전제 조건은 자신의 환경에서 정보를 인식하고 기억하는 능력이다. 특정 사고방식과 행동 방식을 자주 사용할수록 여기에 새로운 정보가 많이 통합된다. 학습은 뇌의 특정 신경세포 사이에 주고받는 연결이 강화되면서 일어난다. 또는 포츠담대학교 동물학 강사가 내게 늘 말하듯이, 반복은 지혜의 어머니다. 게다가 이 '지혜'는 필요할 때 불러내 쓸 수 있다. 도망칠 때마다 토끼들은 인간이 위험한 존재가 아니라는 사실을 경험으로 배웠다. 물론 사냥꾼은 제외하고!

이런 학습 효과 덕분에 도시토끼들은 낮에도 활동할 수 있다. 반면 시골 야생토끼들은 인간과 거의 접촉할 일이 없어, 인간에게 익숙해지는 장점을 누리지 못한다. 또한 그들은 진짜 적의 공격을 받을 위험도 훨씬 크다. 매사 안전에 주의를 기울이고 모든 잠재 위험에서

○

도주하는 편이 그들에게는 최선의 전략이다. 그러느라 먹고 번식할 시간이 도시 동료들보다 적더라도 어쩔 수 없다.

진화생물학 관점에서 이 부분은 중요한 발견이다. 살아가면서 유기체는 스트레스 요인에 스트레스 반응으로 대처한다. 이 스트레스 반응은 적응으로 이어져 언젠가부터는 서식지에서 스트레스 요인이 사라진다. 스트레스 반응이 이 책의 진짜 주인공이다. 스트레스 반응은 외부의 스트레스 요인이 있더라도 높은 적합성을 유지할 수 있도록 돕는 자연의 놀라운 힘이다. 고대 그리스인의 말을 빌리자면, 외부 스트레스 요인은 자연의 파괴적 힘이다. 하지만 생명체가 스트레스 요인에 적응하는 데 성공한다면, 그 힘은 파괴적이기는커녕 유익하지 않을까? 시골토끼가 인간에게서 도망치는 동안, 도시토끼들은 같은 환경요인에 익숙해졌고 행동이 더 '용감'해졌다. 따라서 도시토끼와 시골토끼 모두 각자 서식지에 아주 잘 적응한 셈이다.

나의 결론: 생명체가 한 장소에 오래 머물수록 앞에 놓인 조건에 잘 적응할 수 있다. 생명체가 적응을 잘할수록 적합성 역시 높아진다. **따라서 "집이 최고인가?"라는 질문의 대답은 적어도 적합성 관점에서는 '그렇다!'이다.**

스스로 머리를 자르는 달팽이

"자연은 최고의 약국이다."

– 제바스티안 크나이프

과학자로 일하면서 나는 당혹감에 멍하니 서 있을 만큼 놀라운 순간을 종종 경험했다. 주잔네가 도시토끼들을 굴로 몰아넣는 데 실패했다고 보고했을 때, 나는 그 말을 믿을 수 없었다. 야생토끼 같은 피식자가 그런 행동을 보이리라고는 생각지도 못했다.

2021년 3월 여러 과학 사이트에 연구 내용이 소개된 생물학자 미토 사야카의 심정에 깊이 공감했다. 이 박사과정 학생은 일본 나라여자대학교 연구실에서 흥미로운 관찰을 했다. 낭설류Sacoglossa에 속하는 갯민숭붙이Elysia cf. marginata 머리에서 촉수가 사라졌고, 칼로 깔끔하게 자른 것처럼 머리가 나머지 몸체에서 분리된 채 옆에 놓여 있었다. 밤새 실험실 달팽이들끼리 살해 사건이라도 벌인 걸까?

이 젊은 박사과정 학생은 머리 잘린 달팽이를 보고 화들짝 놀라 바닥에 풀썩 주저앉았다. 그런데 그다음에 더 이상한 일이 벌어졌다. 머리가 잘려 나간 나머지 몸체가 여전히 움직였다. 게다가 절단된 머리의 베인 상처가 몇 시간에 걸쳐 서서히 아물기 시작했다. 상처가 완전히 아물자 아무 일도 없었다는 듯이 머리가 먹이 쪽으로 이동했다. 심장을 포함한 나머지 몸체가 머리에서 다시 자라는 데 약 22일이 걸렸다. 반면 잘려 나간 몸은 며칠에서 몇 달 동안 계속 접촉에 반응을 보였다. 심지어 심장은 몸이 서서히 색을 잃고 쭈글쭈글해지고 마침내 발포 비타민처럼 녹을 때까지 줄곧 뛰었다.

토끼, 쥐, 인간 같은 포유류가 복잡한 스트레스 반응을 보이는 건 이해할 만하다. 그렇다면 달팽이처럼 덜 복잡한 생명체는 어떨까? 미토 사야카의 발견 소식을 듣고 나는 호기심이 일었다. **연체동물의 머리가 스트레스 때문에 잘려 나갈 수 있을까? 만약 그렇다면 어떤 스트레스 요인에 대처하는 반응일까?**

범행 현장 실험실

참고 자료를 조사하는 동안, 나는 어떤 생명체는 스트레스를 받고 어떤 생명체는 그렇지 않다는 내용을 기듭 발견했다. 도주 또는 투쟁 반응은 대개 정교한 신경계와 호르몬계를 지닌 척추동물한테서만 나타났다. 그래서 오랫동안 생물학자들은 구조가 더 복잡한 동물만 스트레스를 받는다고 여겼다. 하지만 이제 그렇지 않다는 점이 확실해졌다. 모든 생명체는 일정 수준의 적합성을 지닌다. 환경에 잘 적응하거나 그러지 못하고, 유전물질을 다음 세대에 얼마간 물려줄 수 있다. 그래서 모든 생명체는 외부의 영향으로 적합성이 떨어질 수 있고, 그 결과 스트레스를 받을 수 있다.

미토 사야카가 관찰한 머리 잘린 달팽이는 스트레스 요인에 반응하는 자연의 놀라운 힘을 보여주는 훌륭한 사례다. 사야카는 몇 달 후 갯민숭붙이를 수족관에서 번식시키는 데 성공했다. 이 달팽이는 실험실에 마련하기 어려운 조건인 인도양 심해에 산다. 연구진은 달팽이 서식지를 되도록 똑같이 재현해야 하는 어려운 과제를 맞닥트렸다. 이 연체동물은 생존하고 번식도 해야 했는데, 그러려면 염분, 수온, 수압까지 모든 환경요인이 최적이어야 했다. 머리가 절단되는 선에서 끝이 아니라 잘린 머리들이 예민한 달팽이들 사이를 굴러다녔고, 이 광경은 연구진에게 악몽이었을 터다. 당연히 미토 사야카는 이런 공포 시나리오가 어떻게 탄생했는지 알고 싶었다.

연체동물 15마리 중 다섯의 머리가 더 절단되었다. 한 마리는 심지어 두 번째 얻은 머리가 다시 절단되었다. 심장, 신장, 생식기, 장을 포함한 몸체가 남겨졌다. 머리는 계속 움직였고 하루 뒤에 벌써 절단 부위 상처가 아물었다. 미토 사야카는 확실히 해 두기 위해 갯민숭붙이의 유사 종인 초록날씬이갯민숭이붙이Elysia atroviridis를 실험실로 데려왔다. 이 젊은 박사과정 학생은 오래지 않아 같은 현상을 다시 관찰할 수 있었다. 82마리 중 셋의 머리가 절단되었다. 그리고 단 며칠 뒤에 머리에서 몸체가 다시 온전하게 자라났다. 또 다른 39마리가 줄줄이 신체 일부를 잃었지만, 그 역시 완전히 재생되었다.

미토 사야카는 달팽이 두 종 다 목에 이미 일종의 절단점이 있는 걸 발견했다. 그 절단점 덕분에 머리와 몸이 수월하게 분리될 수 있는 모양이었다. 절단점을 발견한 사야카는 또 다른 실험을 진행했다. 첫 번째 달팽이 종인 갯민숭붙이 여섯 마리의 목을 나일론 실로 조심스럽게 졸라보았다. 연체동물 여섯 마리 중 다섯의 머리가 그날 바로 절단되었다. 나머지 한 마리는 일주일이 지나서 머리 일부를 잃었다.

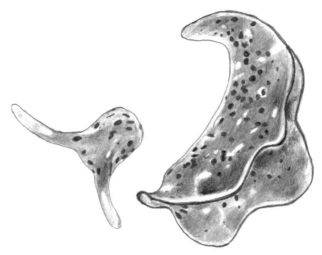

머리가 절단된 이후 갯민숭붙이. 새로운 몸체가 머리에서 자라나는 동안 옛 몸체는 분해되어 사라진다.

미토 사야카는 달팽이가 스스로 목을 절단하거나 신체 일부를 떼어내는 이유를 이미 추측하고 있었다. 이 추측을 확인하기 위해 대조 실험을 했다. 이번에는 실 대신에 핀셋을 사용했다. 달팽이의 절단점을 핀셋으로 조심스럽게 꼬집었다. 그런데 놀랍게도 아무 일도 일어나지 않았다! 머리가 멀쩡하게 붙어 있었다. '달팽이 사건'은 점점 더 복잡해졌고, 애거서 크리스티라도 이보다 더 스릴 넘치는 추리 소설은 쓰지 못했을 것이다.

자절하는 동물들

이런 불가사의한 행동은 바다달팽이만이 보여주는 특이한 예외가 아니다. 많은 동물 종이 의도적으로 개별 신체 부위를 떼어낼 수 있다. 예를 들어 다리를 잘라내는 문어, 집게를 떼어내는 게, 다리를 잘라내는 빈대도 있다. 녹색이구아나Iguana iguana, 곶난쟁이도마뱀붙이Lygodactylus capensis, 미국다섯줄도마뱀Eumeces (plestiodon) fasciatus 같은 파충류는 오소리나 늑대 같은 포식자의 공격을 받으면 꼬리를 자르는 것으로 잘 알려져 있다. 이 전술에는 두 가지 효과가 있다. 첫째, 도주 기회를 얻고, 둘째, 포식자의 관심을 다른 곳으로 돌릴 수 있다. 잘린 꼬리는 한동안 계속 움직이며 동물의 나머지 몸체가 도주하는 동안 포식자의 시선을 묶어 둔다.

위험한 상황에서 이렇게 자발적으로 절단하는 현상을 **자절**이라고 하는데, '스스로 잘라낸다'는 뜻이다. 동물 종에 따라 절단된 신체 부위가 나중에 다시 완전히 자라기도 하고, 영원히 사라질 수도 있다. 그래서 대다수 통거미는 종종 다리 하나가 없다. 다리 하나를 잘라내도 다시 자라지 않는다. 반면 아프리카가시생쥐 종인 켐프가시쥐Acomys kempi와 퍼시벌가시쥐Acomys percivali는 포식자의 공격을 받으면 글자 그대로 살갗을 뜯어낸다. 이 살갗은 나중에 완전히 다시 자란다. 미토 사야카의 달팽이도 완전히 다시 자라나는 종에 속하는 것 같다.

포식자의 공격에 대처하는 반응으로 자기 몸을 절단한다는 가설이 언뜻 달팽이의 행동을 논리적으로 설명하는 듯이 보였다. 미토

○

사야카는 핀셋으로 달팽이를 꼬집으며 이런 '포식자 가설'을 테스트했다. 포식자의 공격을 흉내 낸 다음 머리가 굴러다니는지 관찰했다. 그러나 머리가 굴러다니지 않았다. 어째서 가짜 포식자의 공격에는 아무런 일도 일어나지 않았을까?

어른 낭설류 달팽이는 포식자를 크게 두려워하지 않아도 된다. 반점으로 완벽하게 위장하면 해저에서 거의 눈에 띄지 않는다. 바닷말에서 섭취해 피부에 저장하는 독성 화학 칵테일 덕분에 결코 맛있는 먹잇감도 아니다. 한편, 위험한 상황에서 머리를 절단하면 달팽이에게는 별다른 도움이 안 될 것이다. 머리와 나머지 몸이 분리되는 데 상당한 시간이 걸린다. 그러는 동안 이 연체동물은 일찌감치 맛있게 먹히고 말 것이다.

그러니까 자설은 포식사에 내서하는 빙이 전술이 아니었다. 그렇다면 이 작은 바다달팽이는 왜 그런 대담한 일을 벌이는 걸까?

과학에서 흔히 그렇듯이, 이 질문의 해답도 우연히 밝혀졌다. 이 박사과정 학생은 실험을 하다가 암에 걸린 동물만이 머리나 신체 일부를 절단한다는 사실을 발견했다. 암은 주로 기생충 형태로 달팽이 안에 자리 잡는다. 그렇게 연체동물의 몸 전체를 장악하고 연체동물의 번식을 억제한다.

미토 사야카는 이 관찰로 달팽이의 '머리 절단 현상'을 잘 설명할 수 있었다. 머리 절단은 기생충에 대처하는 스트레스 반응이었을 확률이 매우 높았다. 기생충은 확실히 적합성을 낮추고, 그러면 스트레스가 발생한다. 머리에서 몸체가 다시 완전히 자랐을 때, 새 몸에는 암이 없었다. 이렇게 기생충에 감염되었을 때 병든 몸을 그냥 버리고 새 몸으로 바꾸는 동물이 달팽이만은 아닐 것이다. 예를 들어 지렁이도 신체 일부를 떼어내고 다시 자라게 해서 단세포 기생충을 물리친다.

그런데 달팽이의 자절을 설명하는 가설이 적어도 두 가지 더 있다. 달팽이는 바닷말을 즐겨 먹는다. 이 음식은 달팽이의 목숨을 앗아갈 수 있는데, 질긴 줄처럼 자라 그물이 될 수 있기 때문이다. 달팽이가 이 그물에 걸리면 혼자 힘으로 탈출하지 못할 수 있다. 이때 자절이 불행한 상황에서 벗어날 수 있는 한 가지 전략이다. 달팽이는 글자 그대로 머리를 절단해 올가미에서 머리를 빼낸다.

세 번째 가설도 이 연체동물의 바닷말 사랑과 관련이 있다. 바닷말을 적정량만 섭취하면 달팽이는 바닷말에 함유된 독을 피부에 저장할 수 있다. 그러나 바닷말 샐러드를 너무 많이 먹으면 달팽이 자신이 독에 감염될 수 있다. 이때 감염된 몸을 버리고 건강한 몸을 다시 자라게 하는 능력은 매우 유용하다.

아직 답변하지 않은 질문이 한 가지 남았다. 달팽이 몸 전체가 어떻게 머리에서 다시 자라날 수 있을까? 마치 달걀 하나로 케이크를 만드는 모양새와 같다. 자연이 내놓은 해결책은 **도둑색소체**다. 도둑색소체는 낭설류 달팽이의 놀라운 능력인데, 이들은 바닷말에서 엽록체를 도둑질해 자기 세포에 넣는다.

○

달팽이가 식물이 된다면

미토 사야카는 달팽이 신체가 잘려 나가고 단 몇 시간 만에 머리가 바닷말 샐러드를 먹기 시작하는 광경을 목격했다. 바닷말은 곰팡이, 식물, 동물과 똑같은 세포 유형으로 구성된 조류로, 바다든 민물이든 오로지 물속에서만 살고 엽록체를 지녔다. 엽록체는 엽록소라는 녹색 색소가 담긴 세포 구성 요소이고, 엽록소는 햇빛을 이용해 광합성을 할 수 있다. 달팽이가 이 바닷말을 먹으면 엽록소를 함유한 엽록체도 같이 섭취하게 된다. 그렇다면 달팽이는 녹색 색소로 무얼 할까? 갯민숭붙이나 갯민숭달팽이 부류한테는 뭔가 특별한 것이 있다. 머리를 포함한 온몸의 표면에 촘촘하게 가지를 뻗은 소화샘이 있다. 이 소화샘에는 청각과의 코디움 토멘토숨Codium tomentosum의 엽록체를 저장할 수 있는 세포가 들었다. 이 세포 이름이 **도둑색소체**Kleptoplasty다. 도둑색소체에 저장된 훔친 엽록소로 달팽이는 몸과 소화기관이 없어도 에너지를 얻을 수 있다. 그렇게 당분간 식물로 변신해 광합성을 한다. 달팽이 머리는 빛, 물, 이산화탄소를 이용해 새로운 몸을 자라게 할 고열량 에너지인 탄수화물을 넉넉히 생산할 수 있다. 게다가 크기가 겨우 5밀리미터밖에 안 되어 심장에서 피를 공급하지 않아도 괜찮다. 보라, 어느 누가 달팽이를 지루하다 말할 수 있겠는가!

나는 매일 자연을 연구하지만, 우리 주변에서 일어나는 '미친' 일들에 매번 충격을 받는다. 앞에 소개한 달팽이 연구는 아주 단순한 동물이라도 기생충이나 식량 부족 같은 스트레스 요인에 반응하는 자신만의 방식이 있음을 보여주는 수많은 사례 중 하나다. 암 기생충은 분명히 달팽이의 적합성을 해치고 스트레스를 유발한다. 이런 스트레스 요인에 대응하는 현상이 바로 자절이라는 대담하되 효과적인 스트레스 반응이다. 이 스트레스 반응은 달팽이를 죽음에서 삶으로 이끈다. 그렇게 해서 새로운 길을 찾는 자연의 놀라운 힘을 보여준다. 그곳에서는 머리가 굴러다니고, 엽록체가 도난당하고, 달팽이가 잠시 식물로 변신한다. 식물 얘기가 나와서 말인데, **식물도 스트레스에 반응할까? 만약 그렇다면 이 녹색 생물도 동물처럼 창의적으로 자신의 적합성을 회복할 수 있을까?**

트라우마를 기억하는 식물

> "운명은 우리를 식물처럼 대한다. 운명은 짧은 서리로 우리를 성장시킨다."
> – 장 폴 사르트르

나는 대학생 시절에 이미 식물은 내 취향이 아니라는 걸 바로 알아차렸다. 식물보다는 행동을 관찰할 수 있는 동물이 훨씬 흥미진진했다. 녹색 생물에 무심한 내 성향은 대학을 졸업한 이후로도 오랫동안 이어졌다. 나는 나 자신을 잘 알았기에 결혼 전까지 식물을 전혀 키우지 않았다. 결혼 후에 남편은 자신의 녹색 보물이 내 손에서 살아남지 못하리라는 것을 금세 깨달았다. 나는 물 주는 걸 자주 잊었고, 분 갈이는 들어본 적도 없는 낯선 단어였다. 그런 만큼 진딧물은 제 하고 싶은 대로 활개를 쳤다. 그래 맞다, 나는 생물학자다.

우리가 정원이 딸린 작은 집을 처음 장만해서 이사했을 때 비로소 나는 식물에 살짝 관심이 생겼다. 우리는 호박, 시금치, 당근 씨앗을 뿌렸다. 화단을 높이 쌓아 딸기도 심었다. 토마토가 쓰러지지 않도록 막대를 꽂아 묶어주었다. 맛있는 과일과 채소를 수확하겠다는 기대에 부풀어 나는 기본적인 원예술을 의욕적으로 배웠다.

그때는 스트레스와 적합성에 대해 지금처럼 많이 알지 못했다. 하지만 우리 식물이 정원에서 튼튼하게 자라는 모습을 또렷이 관찰할 수 있었다. 정원 가꾸는 일에 별 신경을 쓰지 않았는데도 언제나 풍성하게 수확했다. 나는 거기에 매료되었다! 식물은 인간이 보살피지 않아도 '야생'에서 아주 잘 지내는 모양이다. **그리고 스트레스가 모든 생명체를 더 높은 적합성으로 인도하는 것이 사실이라면, 식물 역시 스트레스 반응을 내보이며 자신의 서식지에 적응할 수 있어야 마땅하다, 그렇지 않은가?**

영리한 구멍

잠시 우리 집 정원을 함께 둘러보자. 집 바로 옆에 딸기가 자라는 높은 화단이 있다. 딸기는 장미과에 속하고 진정한 태양 바라기다. 햇빛을 많이 받을수록 열매가 달다. 사족을 붙이자면 딸기는 과

일이 아니라 채소다. 우리가 먹는 붉은 덩어리는 가짜 과실이고, 거기에 수없이 붙은 노란색 씨가 진짜 과실이다.

풍부한 햇빛은 아주 달콤한 수확을 우리에게 선사한다. 물론, 물이 충분할 때만 그렇다. 햇빛이 내리쬐는 곳은 덥기 마련이고, 더운 곳에서는 물이 빨리 마르기 때문이다.

딸기는 사는 데 꼭 필요한 물을 뿌리로 땅에서 끌어 올린다. 이 물은 복잡한 물 공급망을 거쳐 뿌리에서 나머지 부분으로 이동한다. 잎은 기공이라는 미세한 작은 구멍으로 주변 환경과 직접 접촉한다. 기공은 주로 잎 아랫면에 있는 공변세포 두 개로 만들어진다. 두 공변세포가 물로 가득 차면, 콩 모양으로 부풀어 두 세포 사이에 커다란 구멍이 생긴다. 그 구멍이 기공이다. 잎의 이 구멍으로 물 일부가 다시 증발한다. 그러나 뿌리가 흡수하는 속도보나 더 빨리 잎에서 물이 증발하면, 공변세포의 수분 함량도 감소한다. 그러면 통통했던 콩 모양이 무너지며 점점 오그라들고, 공변세포 사이에 있는 구멍도 저절로 좁아진다.

어쩌다 화단에 물 주는 시간을 깜빡 잊더라도 곧바로 딸기에 사형선고가 내려지진 않는다. 딸기는 물을 심하게 잃지 않도록 스스로 대비한다. 하지만 공변세포의 수분 함량이 감소하고 나서야 기공이 닫히면, 이미 너무 늦은 거 아닐까? 물은 세포의 여러 화학반응에 중요한 용매다. 여기서 항상성은 절대 장난이 아니다! 물이 부족하면 식물의 적합성이 순식간에 위태로워지므로 신속한 조치가 필요하다.

놀랍게도 식물은 공변세포의 수분이 부족해서 기공이 좁아질

○

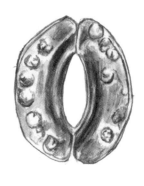

왼쪽: 물로 가득 차 부풀어 오른 공변세포와 기공
오른쪽: 기공이 거의 닫힐 정도로 오그라든 공변세포

때까지 가만히 기나리지 않는다. 뿌리 세포로 토양의 수분 함량을 끊임없이 점검한다. 그 수분 함량이 임계점 아래로 떨어지면 뿌리 세포는 아브시스산을 생산한다. 아브시스산은 식물 호르몬인데, 동물과 마찬가지로 식물한테도 호르몬은 유기체 내부의 중요한 전달물질이다. 아브시스산은 뿌리에서 줄기를 타고 잎까지 올라간다. 이 호르몬이 잎에 차곡차곡 쌓여서 물이 공변세포 밖으로 배출되도록 돕는다. 따라서 아브시스산은 일종의 조기 경보 시스템인 셈이다. 잎이 마르기 전에 공변세포가 구멍을 단단히 막도록 이끈다. 토양의 수분 함량이 다시 높아지면, 식물의 스트레스 반응이 멈추고 아브시스산 생산도 다시 중단된다.

단백질이 형태를 잃으면

햇빛이 풍부한 곳에서는 물을 잃는 문제 말고도 식물이 처리해야 할 사안이 더 있다. 더위 자체도 적합성을 위태롭게 만든다. 내가 거피 사건에서 뼈저리게 배웠듯이, 43도가 넘는 온도는 대다수 생명체에게 치명타다. 식물도 마찬가지다. 이유는 똑같다. 이 온도에서 많은 단백질이 구조를 잃는다. 단백질은 여러 구성 요소가 화학 결합으로 서로 연결된 구조다. 온도가 상승하면 열에너지가 증가해서 개별 구성 요소가 진동하고, 수소 원자 같은 약한 결합이 먼저 끊어진다. 진동이 클수록 개별 구성 요소의 결합이 더 많이 끊긴다. 그러면 점차 단백질이 자기 형태를 잃는다. 여기서 문제는 단백질 대부분이 물질대사에서 중요한 임무를 맡는다는 사실이다. 단백질은 효소로서 다른 세포의 특정 결합 부위에 도킹해 수많은 화학반응을 조종한다. 효소는 결합 부위 자물쇠에 딱 맞아야 하는 열쇠와 같다. 효소가 자기 형태를 잃으면 열쇠 구실을 하지 못한다. 그래서 우리가 병원체에 감염되면 열이 나는 것이다. 이 열은 침입한 병원체의 단백질을 파괴하도록 설계된 반응이다.

그렇다면 라벤더, 샐비어, 람스이어같이 햇빛을 좋아하는 식물은 더위 속에서 자신의 단백질을 보호하기 위해 어떤 수단을 쓸까? 먼저 냉각이 권장된다. 기공으로 잎 표면에서 물을 증발시킬 수 있다. 이렇게 하면 잎이 3~10도 정도 식을 수 있다. 그러나 정작 식물은 진퇴양난에 처하게 된다. 갑작스런 냉각으로 수분이 부족해질 위험이 있고, 더위가 길어지면 금세 생명이 위태로워질 수 있다. 온도가 40도에 도달하면 열충격단백질Heat Shock Protein, 즉 HSP를 생산해야 할 때다. HSP는 말하자면 순찰대와 구조대 임무를 동시에 처리한다. 어딘가에 승인되지 않은 다른 단백질 덩어리가 있으면 HSP가 분해한다. 또한 식물 안에서 길을 잃은 단백질이 있으면 목적지를 잘 찾아가도록 도와준다. 손상된 단백질도 HSP가 고쳐준다. 아무튼 이런 대자연의 발명품이 식물에만 있는 건 아니다. HSP는 단세포 박테리아부터 곰팡이, 동물, 인간까지 거의 모든 생명체에 있다. 더위는 물론 위험한 방사선이나 중금속 같은 스트레스 요인이 적합성을 위협할 때마다 HSP가 출동한다.

에틸렌이 세포의 목숨을 거둔다

다음 목적지는 정원 뒤편에 있는 토마토 밭이다. 이 가짓과 식물은 원예 초보자인 내게 많다고 항상 좋은 건 아니라는 사실을 가르쳐주었다. 나는 뿌듯함과 자신만만함에 겨워 매일 아침 모든 식물에 물을 듬뿍 주었다. 그러다 토마토 잎이 점점 시들어 간다는 사실을 뒤늦게 알아차렸다. 심지어 일부는 노랗게 변해서 떨어졌다. 토마토가 잘 자라도록 특별히 신경 써서 반음지에 심었는데 무슨 일이 있었던 걸까?

식물은 햇빛이 있는 낮 동안 광합성을 해서 산소를 생산할 수 있다. 그러나 밤에는 토양에서 나오는 산소를 흡수해야 한다. 식물은 동물과 마찬가지로 세포 호흡을 위해 산소가 필요하다. 그런데 토양 구멍이 공기가 아닌 물로 채워지면 뿌리 세포가 말 그대로 질식할 수 있다. 말하자면 누군가 뿌리 세포의 머리를 물속으로 누르는 모양새와 같다. 내가 토마토에 그런 일을 한 것이다. 토마토 뿌리가 익사할 때까지 오래도록 물고문을 자행했다. 그러니 토마토 잎이 시들 수밖에.

토양이 순식간에 물에 푹 잠기면, 아무리 영리한 스트레스 반응도 때를 놓쳐 속수무책이 된다. 식물 종류에 따라 며칠 후에 잔뿌리가 죽기도 한다. 그러면 이제 식물의 나머지 부분도 생존할 수 없다.

그러나 토양의 산소량이 서서히 떨어지면, 식물은 가물 때처럼 조기 경보 시스템으로 대응할 수 있다. 뿌리 세포가 평소보다 산소를 적게 흡수하는 순간, 식물 호르몬인 에틸렌이 생성된다. 에틸렌의 임무는 저승사자와 같다. 다른 뿌리 세포들을 요단강 너머로 보낸다. 이때 에틸렌은 극도로 신중하게 임무를 처리한다. 사형선고를 받은 세포의 내용물은 분해되어 작은 거품으로 변한다. 어떤 물질도 밖으로 새어 나와 이웃 세포로 침투하지 않는다. 침투하면 뭐가 문제일까? 세포에는 다른 단백질을 소화하는 단백질이 들었다! 또한, 사형선고를 받은 세포에 바이러스가 있을 위험이 항상 존재한다. 죽음을 맞이할 세포의 내용물이 달걀노른자처럼 터져 밖으로 쏟아져 나오면 주변 세포까지 모두 손상될 수 있다.

손상 얘기가 나와서 말인데, 에틸렌은 왜 그렇게 많은 손상을 불러서 뿌리 세포를 죽일까? 에틸렌의 목표는 뿌리 껍질로 귀한 치즈를 만드는 데 있다. 세포가 죽으면 그 자리에 구멍이 생긴다. 이렇게 생겨난 수많은 구멍은 식물 내부의 산소를 물에 완전히 잠긴 세포로 보내주는 작은 스노클 구실을 한다.

에틸렌은 그 밖에도 많은 일을 한다. 포츠담대학교와 막스플랑크 분자식물생리학연구소 연구진은 애기장대Arabidopsis thaliana 같은 로제트 식물°이 침수되면 잎을 들어 올린다는 사실을 발견했다. 뿌리가 이미 목까지 물에 잠겼으면 애기장대는 만약을 대비해 잎들이 땅에서 떨어져 위쪽으로 자라게 한다. 이때 주요 성장 호르몬인 에틸렌이 돕는다. 미쳤다, 식물에서 이런 놀라운 일이 벌어진다니!

자연의 부동액

이제 오이 밭으로 가보자. 박과의 이 맛있는 채소를 보면 몇 년 전에 일어난 또 다른 공포 시나리오가 떠오른다. 봄이 되어 온실에서 키운 오이 모종을 정원에 의욕적으로 옮겨 심었다. 나중에 드러났듯이, 엄청난 실수였다. 기온이 뚝 떨어지고 서리까지 내리고 말았다. 오이 위에 비닐을 씌워도 도움이 되지 않았다. 잎들은 생기를 잃고 축 처져서 겨우 매달려 있었다.

° 짧은 줄기에 잎이 빼곡해서 전체적으로 둥근 형상을 띠는 식물로, 잎이 장미(rose)처럼 동그랗게 배열되었다고 로제트(rosette)라는 이름이 붙었다. 쑥, 냉이, 민들레, 꽃다지 같은 풀이 로제트 식물이다. —옮긴이주

추위가 몰려오면, 식물세포는 글자 그대로 유연성을 잃고 경직된다. 생체막 때문이다. 이 막이 세포를 외부와 분리한다. 아울러 세포 내부의 여러 부서를 분리하는 칸막이이기도 하다. 제 기능을 하는 생체막은 액상이어서 흘러 다니는 이중 막이다. 추위가 거세지면, 이 이중 막은 유동성을 잃는다. 말 그대로 추위에 얼어붙는다. 낮은 온도에서도 이런 동결을 막아 유동성을 유지할 수 있도록 식물은 생체막 구성을 변경할 수 있다. 그러기 위해 생체막은 몇 시간 또는 며칠 안에 불포화지방산을 저장한다. 그러나 지방산 전술은 기온이 서서히 떨어질 때만 통한다. 한파가 몰아닥치면, 식물은 추운 기간을 대비할 시간이 없다.

서리는 특히 심각하다. 기온이 영하로 떨어지면 동식물 세포 사이사이에 얼음 결정이 생긴다. 세포 내부 내용물은 단박에 동결되지 않는데, 당이나 이온 같은 용해 물질이 세포 사이보다 내부에 더 많기 때문이다. 이렇게 동결 속도가 달라서 수분 불균형이 생긴다. 그러면 세포는 내부 수분을 세포 사이로 흘려보내 불균형을 해소한다. 이제 세포의 생존은 이런 탈수를 얼마나 오래 견딜 수 있느냐에 달렸다. 세포 사이사이에 생긴 얼음 결정이 커지지 않게 막는 단백질이 몇몇 척추동물, 곰팡이, 박테리아, 수많은 식물에서 발견되었다. 이런 부동단백질Antifreeze Protein, AFP은 얼음 결정 표면에 달라붙는다. AFP의 구조와 성장은 얼음 결성이 세포에 침투하는 것을 방지하고 여기에 영향도 끼친다.

담배풀은 기다린다

녹색 생물은 확실히 서식지에서 수많은 스트레스 요인에 노출된다. 더위, 홍수, 추위 말고도 토양의 염도 상승, 살충제, 유해 광선의 위험도 있다. 그러나 동물과 마찬가지로, 비생물적 스트레스 요인만 위험한 건 아니다. 다른 생명체도 식물의 적합성을 떨어트릴 수 있다. 동물과 다르게 식물은 포식자에게서 달아날 수도 없다. 이제 정원 둘러보기의 마지막 단계가 남았다. 우리의 종착지는 정원의 빈 땅이다. 남편이 원하는 식물이 내년에 이곳에서 자랄 예정이다. 열렬한 애연가인 남편은 담배를 직접 재배하고 싶어 한다.

나의 전작 『숲은 고요하지 않다』를 읽은 사람이라면 내가 담배풀에 얼마나 찬사를 보냈는지 잘 알 것이다. 이 노련한 가짓과 식물만큼 포식자에게 다양한 스트레스 반응을 보이는 식물은 거의 없다. 당연히 나는 우리 정원에 담배풀을 몇 포기 심자는 의견에 전혀 반대하지 않았다. 코요테담배Nicotiana attenuata는 미국 뜨거운 사막에서 자생하는 야생 담배다. 씨앗은 수년 동안 땅속에 묻힌 채, 주변 환경이 말 그대로 그들 엉덩이에 '불을 붙일 때까지' 기다린다. 담배 씨앗은 발아하려면 화재 연기가 필요하다. 화재는 토양을 비옥하게 만들고 담배를 위해 적합한 서식지를 조성한다. 씨앗이 발아해서 연약한 새싹을 하늘로 밀어 올리는 순간 스트레스가 시작된다. 수많은 씨앗이 동시에 발아하고 이제 물과 양분을 놓고 경쟁한다. 그뿐이 아니다. 담배풀은 황량한 사막에서 여러 동물이 찾는 맛있는 간식거리다. 담배풀은 뿌리에서 만들어 잎에 저장해놓은 니코틴으로 애벌레 같은 포식자한테서 자신을 보호한다. 니코틴은 맛이 써서 애벌레의 식욕을 뚝 떨어트린다.

항상 예외는 있다. 포식자도 적응할 수 있기 때문이다. 박각시 Manduca sexta는 담뱃잎에 알을 낳는다. 새끼 애벌레는 부화하는 순간 진수성찬을 받는다. 이때 니코틴은 그들에게 아무런 방해가 되지 않는다! 그러나 담배풀 역시 애벌레에 속절없이 당하고만 있지 않는다. 달갑지 않은 거주자를 쫓아내기 위한 전략이 적어도 두 가지나 있다.

1번 전략은 '차 마시며 기다리기!'다. 담배풀은 우선 아무것도 하지 않고 애벌레가 자랄 때까지 며칠 기다린다. 말썽꾸러기들이 움직일 수 있고 더 먼 거리를 이동할 수 있을 만큼 자라면 담배풀은 그때 비로소 행동을 개시한다. 화학물질을 만들어 잎으로 보낸다. 이 화학물질이 애벌레의 위장을 강타한다. 담배풀의 목표는 스스로 맛없는 간식거리가 되어 애벌레들이 알아서 이웃 식물로 옮겨 가게끔 만드는 것이다. 그러려면 적당한 때를 기다려야 한다. 담배풀이 화학 폭탄을 일찍 터트리면, 아직 어려서 먼 거리를 이동할 수 없는 새끼 애벌레는 이웃 식물로 옮겨 가지 못한다. 그러면 담배풀은 탄약만 헛되이 낭비한 꼴이 되고 만다. 또, 갓 부화한 애벌레는 첫 며칠 동안은 잎에 거의 손상을 입히지 않는다. 그러나 담배풀이 때늦게 반응하면 새끼 애벌레는 만족할 줄 모르는 대식가로 성장한다. 부화하고 열흘이 지나면, 애벌레들이 담뱃잎의 90퍼센트 이상을 먹어치울 수 있다. 21일가량이 지나면 애벌레는 번데기가 되고 나중에 박각시가 된다. 담배가 보이는 스트레스 반응은 게걸스러운 애벌레를 이웃 식물

코요테담배는 포식자를 방어할 때 특히 창의적이다.

로 그냥 쫓아버리는 형태다.

　2번 전략은 '지원 요청하기!'다. 담배풀이 게걸스러운 애벌레를 쫓아낼 적합한 타이밍을 어쩌다 놓쳤더라도, 아직 두 번째 비장의 무기가 남았다. 담배풀은 일단 지원을 요청한다. 화학 메시지를 보내 침노린재와 말벌을 부른다. 담배풀의 지원 요청을 받으면 둘은 몇 시간 안에 출동한다. 침노린재가 박각시 알을 먹어치우는 동안 말벌은 애벌레의 몸에 알을 낳는다. 말벌의 자손은 진수성찬 안에서 부화해 눈앞에 차려진 애벌레를 먹어치운다.

식물은 기억한다

남편과 나는 지금도 정원을 가꾸다 사고를 치지만, 식물 대부분은 대수롭지 않게 잘 자란다. 확실히 그들은 더위, 가뭄, 홍수에도 적합성을 유지하는 데 도움이 되는 여러 스트레스 반응을 보유한 듯싶다. 때때로 나는 토마토와 그 밖의 식물 친구들이 제각기 스트레스 요인을 이겨낸 뒤에 훨씬 튼튼해진다는 인상을 받는다. 마치 그들에게 기억력이 있다는 듯이 말이다.

바이로이트대학교 안케 옌치 교수와 헬름홀츠환경연구센터UFZ 율리아 발터는 개나래새Arrhenatherum elatius를 연구하던 중 흥미로운 궁금증이 생겼다. 식물은 가뭄을 '떠올리고' 스트레스 기억을 발달시킬 수 있을까? 이 질문에 대답하기 위해 두 과학자는 흥미로운 실험을 설계했다. 2년 동안 적합한 서식지에서 개나래새를 키운 다음, 이 풀을 두 그룹으로 나누었다. 28포기가 속한 1번 그룹은 2009년 6월에 인공 가뭄을 맞아 16일 연속 물을 얻지 못했다. 27포기가 속한 2번 그룹은 대조군이 되어 계속 물을 얻었다. 이듬해 한여름에 두 과학자는 두 그룹 개나래새의 잎을 전부 잘라내고 새로 자라나게 했다. 그러니까 새로 자라난 잎들은 가뭄 경험이 전혀 없었다. 같은 해 9월에 두 번째 가뭄이 닥쳤다. 이번에는 대조군도 같이 가뭄을 맞았다. 두

등, 과연 어떤 그룹이 가뭄을 더 잘 견뎠을까?

1번 그룹의 개나래새가 9월에 다시 닥친 가뭄을 당당히 이겨냈다. 이전에 가뭄을 이겨낸 경험이 없는 대조군보다 더 건강한 잎을 보존했다. 개나래새는 첫 번째 가뭄을 겪은 후 분명 보호 반응을 발전시켰고, 그 보호 반응이 두 번째 가뭄 때 세포 파괴를 막았을 것이다. 세포가 파괴되면 주로 녹색 색소인 엽록소에 영향을 끼친다. 엽록소가 없으면 잎이 갈색으로 변하다가 얼마 후 쭈글쭈글해지기 시작한다. 연구진은 잎의 표면은 물론 내부도 살펴보았고, 두 그룹 사이에서 흥미로운 차이점을 발견했다. 가뭄을 한 번 겪은 풀들은 부분적으로 광합성 반응이 약해졌는데, 이런 식으로 광합성에 사용하는 물을 줄곧 아꼈다.

고백하건대, 식물의 '스트레스 기억'이라는 개념에 정말로 마음을 빼앗기고 말았다. 개나래새 실험에 푹 빠져서 이 주제를 다룬 다른 문헌들을 찾아봤다. 최신 연구에 따르면 식물뿐 아니라 곰팡이, 심지어 박테리아도 스트레스 요인을 기억할 수 있다. 신경계가 없는데도 기억한다! 이런 기억은 동물처럼 뇌에서 일어나지 않고, 화학물질의 내용물이나 특정 반응이 활성화하면서 저장된다.

이런 이른바 프라이밍Priming° 효과를 얻으려면 두 가지 스트레

° 선행 자극이 뒤에 이어지는 자극을 해석하는 데 영향을 끼치는 현상으로, '점화'라고도 한다. ―옮긴이주

스 사건의 간격이 충분해야 한다. 식물마다 그 간격은 며칠 또는 몇 주일이 될 수 있다. 이전 경험을 저장하고 스트레스 기억을 구축하려면 이런 스트레스 휴지기가 필요하다. 개나래새 실험에서 연구진은 3개월을 기다린 뒤에 두 번째 가뭄을 연출했다. 이런 프라이밍은 풀들이 두 번째 가뭄에 더 효율적으로 대응하는 데 도움이 되었다. 풀들은 광합성을 줄여서 물을 절약했다. 이렇듯 나중에 맞닥트린 비슷한 스트레스 요인에 더 빠르고 효과적으로 대응하는 것이 바로 적응이다!

많은 과학자가 이런 프라이밍이 다양한 스트레스 요인에 정확히 어떻게 작용하는지 이해하기 위해 열심히 노력한다. 식물은 심지어 가뭄과 싸우는 이웃 식물의 화학 신호도 감지할 수 있다. 그렇게 그들은 미리 경고를 받아서 자신에게 어려움이 닥치기 전에 가뭄을 대비한다. 확신하건대, 식물 세계에는 더 밝혀내야 할 비밀이 많다!

식물, 스트레스 관리의 고수

이제 나는 우리 녹색 친구들을 완전히 다른 눈으로 바라본다. 밖에서 보면 식물이 거의 아무것도 하지 않는 듯하지만, 식물 내부에서는 많은 일이 벌어진다. 식물만큼 자기 서식지에 적응하는 일이 중요한 생명체는 거의 없는데, 식물은 한번 선택한 서식지를 그냥 버리고 떠날 수가 없기 때문이다. 그래서인지 극한의 서식지에도 정착할 수 있을 만큼 매우 영리하게 적응한다. 예를 들어 브라질 열대우림에는 뿌리를 물에 늘어트리고 호흡뿌리를 따로 발달시킨 다음 수면 밖으로 뻗어서 숨을 쉬는 맹그로브숲이 있다. 갯질경과 스타티스 Limonium vulgare 같은 소금 식물도 잎에 있는 일종의 땀샘으로 바다 소금을 방출하기 때문에 해안 근처에서 살 수 있다.

한마디로, 식물은 스트레스 요인을 관리하는 데 진정한 고수다. 여기서도 스트레스는 식물의 적합성을 개선하는 데 도움이 된다. 개나래새 실험에서 보여주듯이, 식물세포는 심지어 과거의 스트레스 요인도 기억할 수 있다. 그런 다음 비슷한 상황에서 더 빠르고 효과적으로 대응한다. 여기서 끝이 아니다. 식물은 경험을 심지어 자손에게 물려준다. 스트레스 기억이 유전된다. 정말 대단하지 않나? 이런 방식으로 담배풀은 박각시 애벌레를 공격할 최적의 타이밍을 알 수 있다. 여전히 동물만 스트레스를 받는다고 생각한다면, 다음에 숲이나 들판을 산책할 때 식물을 자세히 살펴보기 바란다.

우연, 유전자, 학습

"알고 싶은 것이 있으면, 학자가 아니라 경험이 많은 사람에게 물어라."
– 중국 속담

태어난 곳에 계속 머물면 적합성에 가장 큰 도움이 된다는 생각에는 고개가 끄덕여진다. 그러나 문제가 하나 있다. 바로 경쟁이다. 나고 자란 곳에 모두가 계속 머물면, 동물들은 먹이를 놓고 서로 싸우기 마련이다. 식물 또한 저마다의 뿌리와 잎이 서로에게 방해가 될 것이다. 그러므로 동물이 어느 정도 성장하면 종종 다른 곳으로 이동하고, 식물이 다른 뿌리나 잎이 없는 곳으로 자라는 것은 당연하다.

우리 인간도 경쟁을 감지한다. 그래서 누군가는 고향을 떠나 더 좋은 일자리가 있는 곳으로, 또는 더 좋은 사람을 만날 수 있는 곳으로 이사한다. **그런데 동물과 식물을 다른 장소로 유인하는 요인이 정말로 항상 자원일까?**

우연이 결정한다

동물과 식물이 어디에 정착하느냐는 특히 그들의 이동과 확산 능력에 달렸다. 종에 따라서는 적합한 서식지를 찾아 수천 킬로미터를 이동할 수 있다. 인간도 지난 몇 세기 동안 전 세계에 종을 이동시키는 데 큰 역할을 했고, 더러는 그런 식으로 재앙을 일으키기도 했다.

식물의 확산은 복권 당첨과 같다. 운이 좋은 씨앗은 싹을 틔우기 좋은 토양에 안착한다. 대개 '출생지'와 조건이 비슷한 지역이 그런 곳이다. 그래서 식물은 대부분 잘 익은 열매와 씨앗을 그냥 땅에 떨어트려 어미 곁에 머물게 한다. 사과는 사과나무 근처에 떨어진다는 속담을 충실히 따른다. 그러나 많은 식물이 외부에서 도움을 받거

좀물봉선화는 건드리면 씨앗을 최대 4미터까지 발사할 수 있다.

나 그런 도움 없이도 씨앗을 멀리 퍼트릴 수 있다. 봉선화과, 괭이밥과, 박과의 대표 식물들은 꼬투리가 있는데, 이걸 만지면 폭발해서 안에 든 씨앗이 높이 포물선을 그리며 밖으로 튀어 나간다. 좀물봉선화Impatiens parviflora 씨앗은 이런 방식으로 최대 4미터까지 날아갈 수 있다. 다음에 숲을 산책하게 되면, 이 메커니즘을 한번 시험해보라. 좀물봉선화는 주로 숲 길가에 자라고 황백색 꽃을 피우므로 쉽게 알아볼 수 있을 것이다. 손대면 톡 하고 터져 씨앗이 퍼져 나가는 모습은 언제나 아주 재밌다.

많은 식물이 자신의 씨앗을 바람, 물, 동물에 맡긴다. 그러면 자손을 집에서 멀리 떨어진 곳에 정착하게 할 수 있고 새로운 군락지를 개척할 수 있다. 민들레 홀씨를 입으로 불어 사방에 퍼트리고 싶은 유혹을 떨쳐낼 사람이 과연 있을까? 털 뭉치처럼 생긴 수많은 작은 민들레 '갓털'은 바람을 타고 장거리를 이동하기에 이상적이다. 갓털이 낙하산처럼 작용해서 씨앗이 아주 가볍게 떠다닐 수 있다.

반면 수중 번식에는 다른 특성이 필요하다. 수련이나 노랑꽃창포Iris pseudacorus 씨앗에는 공기주머니가 달린 특수 부유 장치가 있다. 코코넛야자Cocos nucifera 열매인 코코넛도 섬유질과 공기로 채워진 과육 벽의 도움을 받아 몇 해리를 이동할 수 있다.

또 다른 식물들은 영양분, 색상, 향기로 동물을 유인한다. 그러면 동물이 열매를 먹고 다른 장소에서 씨앗을 배설한다. 양벚나무Prunus avium나 서양주목Taxus baccata의 씨앗은 단단한 껍질 속에 있어서 씹어도 깨지지 않고 소화되지도 않는다. 또 어떤 씨앗은 동물 몸에 착 달라붙어 일종의 히치하이킹처럼 이동할 수 있다. 우엉Arctium lappa이나 갈퀴덩굴Galium aparine이 대표적인 예다.

유전자가 길을 안내한다

미국 듀크대학교 행동생물학자 피터 클로퍼가 1963년 흥미진진한 실험을 설계했다. 그는 동물이 어떻게 자신에게 적합한 장소를 찾아내는지 알아내고 싶었다. 고향인 미국 노스캐롤라이나에서 6월에 초원을 걸으며 새를 관찰하다가 이 실험을 구상했다. 이 시기에 초원의 대표 거주자는 파랑새와 들종다리 같은 새들이다. 반면 미국솔새Setophaga pinus 같은 종은 초원이 아니라 인접한 솔숲에 산다.

초원에서 파랑새 옆에 있는 미국솔새를 발견할 확률은 열대우림에서 앵무새 옆에 있는 까치를 만날 확률과 비슷할 것이다. 그래서 클로퍼는 궁금해졌다. 미국솔새는 자신이 초원이 아닌 솔숲에 살아야 한다는 것을 어떻게 알까?

클로퍼 연구진은 신대륙참새과의 작은 참새종인 치핑참새Spizella passerina를 실험에 이용했다. 치핑참새는 북미 거의 모든 지역에 서식하고 주로 솔숲에서 발견된다. 클로퍼는 실험을 위해 치핑참새를 네 그룹으로 나누었다.

1번 그룹과 2번 그룹은 각각 열 마리씩 이전에 숲에서 그물로 잡은 새들로 구성했다. 이 숲에는 테다소나무Pinus taeda가 특히 많았다. 클로퍼는 숲에서 새를 잡은 다음, 1번 그룹의 새를 몇 주 동안 실제 서식지와 조건이 매우 비슷한 야외 사육장에서 길렀다. 거기에는 새들이 앉을 수 있는 참나무와 소나무 가지가 있었다. 2번 그룹의 야외 사육장에는 앉을 수 있는 소나무 가지가 1번 그룹의 절반밖에 없었다. 3번 그룹과 4번 그룹은 연구진이 손수 부화시킨 치핑참새 여섯 마리와 여덟 마리로 각각 구성했다. 새끼들은 알에서 부화해 눈을 뜬 뒤로 몇 주 동안 실내 새장에서 지냈다. 클로퍼는 이 치핑참새들이 오직 사육사, 실내 새장 그리고 새장 안에 비치된 가구들만 볼 수 있게 했다. 4번 그룹은 3번 그룹과 똑같은 조건이되, 새장 안에 참나무 잎을 추가로 제공했다.

1번 그룹	2번 그룹	3번 그룹	4번 그룹
숲에서 포획해 소나무 가지와 참나무 가지가 있는 야외 사육장에서 길렀다.	숲에서 포획해 소나무 가지 절반과 참나무 가지가 있는 야외 사육장에서 길렀다.	손수 부화시켜 외부를 천으로 가린 실내 새장에서 길렀다.	손수 부화시켜 외부를 천으로 가린 실내 새장에서 기르되, 새장 안에 참나무 가지를 넣어주었다.

　　다음 단계에서는 네 그룹의 새들에게 선택권을 주었다. 클로퍼는 새들이 앉을 수 있도록 실험 사육장 양쪽에 막대를 세웠다. 한쪽 막대에는 테다소나무 가지가 붙어 있었고, 다른 막대에는 참나무 잎이 여럿 달린 가지가 붙어 있었다. 클로퍼는 새들이 나뭇가지 말고는 다른 이유로 한쪽 막대를 선호할 가능성을 없애려고 실험 중간에 막대 위치를 바꿨다.

　　연구진은 각 그룹의 새들이 나뭇가지에 어떻게 반응하는지 관찰했다. 새들이 얼마나 자주 어떤 나뭇가지에 앉을까? 얼마나 오래 거기에 머물까? 연구진은 방문 횟수와 머문 시간을 모두 기록했다. 새를 제각기 총 10시간 동안 며칠에 걸쳐 관찰했다.

　　1번 그룹의 새들은 확실히 소나무 가지를 선호했다. 반면 사육장 안에 소나무 가지가 절반뿐이던 2번 그룹의 새들은 참나무 가지에 더 많은 관심을 보였다. 3번 그룹의 새들은 평생 참나무 가지도 소나무 가지도 본 적이 없는 정말 순박한 어린 새들이었다. 한 마리를 제외한 모든 새가 명확하게 소나무 가지를 선호했다. 4번 그룹의 어린 새들은 달랐다. 참나무 잎에 익숙했고 뚜렷한 선호도는 보이지 않았다.

클로퍼의 실험은 특정 서식지를 선호하는 성향이 이미 DNA에 새겨졌을 가능성을 시사한다. 소나무를 한 번도 본 적 없는 어린 치핑참새들은 선택 실험에서 소나무 가지를 선택했다. 치핑참새는 생후 첫 2~3개월을 어떤 환경에서 지내느냐가 큰 역할을 하는 듯하다. 이 기간의 발달단계에 다른 나무 종을 제공하면 소나무 가지를 선호하는 유전적 성향이 가려지기도 할 것이다.

클로퍼의 연구는 순전히 실험실 실험이었다. 게다가 단 몇 마리만 실험했으므로 샘플이 너무 적었다. 자연에서는 어떻게 서식지를 선택할까? 클로퍼의 발견을 야생에서도, 그리고 다른 종에도 적용할 수 있을까?

유전자는 최후의 지혜가 아니다

캐나다 앨버타대학교 생물학자 스콧 닐슨은 캐나다 서부에 사는 어른 불곰과 어린 불곰Ursus arctos 32마리의 서식지 선택을 관찰했다. 어른 불곰은 4세 이상이었고, 어린 불곰은 3~4세였다. 연구진은 GPS 송신기를 이용해 동물을 추적했다. 또한 실험실에서 불곰들의 친척 관계를 조사하기 위해 조직 샘플을 채취했다. 닐슨 연구진은 이렇게 실험을 설계해서 곰들이 이동하는 경로를 추적하고 그들의 친척 관계도 파악할 수 있었다. 서식지를 선택하는 요인이 오로지 DNA뿐이라면, 모든 새끼 곰은 부모의 서식지와 매우 비슷한 곳을 선택해야 마땅하다.

4년 동안 GPS 자료 3만 1849개를 분석한 끝에 닐슨은 다음과 같은 결과를 얻었다. 서식지 선택은 곰마다 달랐다! 딸들은 엄마나 언니들의 서식지와 비슷한 곳을 선택했다. 반면 친척 수컷은 서식지 선택에서 일치점이 없었다. 닐슨은 암컷이 새끼들을 아버지 없이 홀로 기른다는 사실로 이 결과를 설명한다. 새끼들은 어떤 서식지가 적합한지를 엄마에게 배운다. 제 새끼를 기를 서식지라면 특히 더 그렇다.

그러나 엄마와 딸이 비슷한 서식지를 선택하는 경향은 늦여름뿐이고, 봄에는 덜했다. 이유가 뭘까? 늦여름에는 곰들이 오래 머물 수 있는 장소, 즉 물살이와 열매가 많은 곳을 찾기 때문이다. 이 시기에 새끼 곰들은 이런 풍요로운 지역의 특성을 수월하게 기억할 수 있다. 봄에는 먹이를 찾아 더 자주 이동한다.

오슬로대학교 토레 슬래그스볼드와 캐나다 서스캐처원대학교 캐런 위베 두 생물학자는 태어날 때부터 확정된 건 아무것도 없으며 생명체의 후천적 학습 능력이 극도로 높다는 사실을 증명했다. 두 과학자는 1997년부터 노르웨이의 활엽수와 침엽수 혼합림에서 새들의 행동을 실험했다. 1.6제곱미터 면적에 둥지 상자 450개를 설치하고 장기간 교환 실험에 이용했다. 유라시아푸른박새Cyanistes caeruleus 둥지에는 노랑배박새Parus major 알을 놓고, 노랑배박새 둥지에는 푸른박새 알을 넣어놓았다. 그런 다음 봄과 가을에 먹이를 찾는 어린 새들을 관찰했다. 이때 둥지가 바뀌지 않고 친부모 곁에서 자란 같은 또래 푸른박새와 노랑배박새가 대조군으로 있었다.

우선, 대조군 관찰에서 노랑배박새와 푸른박새의 식생활에 차이가 있다는 사실이 밝혀졌다. 푸른박새는 노랑배박새보다 더 높은 곳에서 그리고 주로 나뭇가지에서 먹이를 잡았다. 그래서 푸른박새가 노랑배박새보다 더 길고 강한 발을 지녔는지도 모르겠다. 이 길고 강한 발로 푸른박새는 나뭇가지를 더 잘 움켜쥘 수 있다.

그러나 둥지를 교환한 새들의 데이터가 훨씬 더 흥미진진했다. 입양된 노랑배박새 새끼와 푸른박새 새끼들은 낳아준 부모보다 길러준 부모와 더 비슷한 방식으로 먹이를 찾았다. 이런 '학습 효과'는 입양된 노랑배박새 새끼들에게서 더 두드러지게 나타났다. 뒤바뀐 어린 새들은 자신이 사실은 다른 종에 속한다는 사실을 전혀 모르는 것 같았다.

이런 흥미로운 실험들은 동물이 서식지를 선택할 때 얼마나 다양한 측면이 영향을 끼치는지 보여준다. DNA에 선호도가 얼마간 저장되었을 수 있다. 그러나 선호도가 실제로 자신의 적합성에 최선이라고 명확히 알려주는 장치가 바로 학습 능력이다. 이런 유연한 학습 능력이 중요한데, 단 한 세대 만에 서식지가 확 바뀔 수 있기 때문이다.

인간처럼 동물도 성격이 있다

개나 고양이를 키우는 사람은 동물마다 성격이 다를 수 있다는 걸 잘 안다. 나 역시 '부뚜막 호랑이' 두 마리의 집사다. 피오나와 아르비트. 피오나는 노르웨이숲고양이로 호기심이 무척 많고 죽음도 불사할 듯이 대담하다. 아르비트는 시베리안고양이로 겁이 엄청 많아서 낯선 방문객이 오면 재빨리 숨는다.

많은 사람이 모르는 사실이 있는데, 우리 반려동물만 성격이 다른 게 아니다. 새, 오징어, 심지어 거미도 저마다 성격이 다를 수 있다. 미국 생물학자 롤런드 앤더슨은 문어의 성격을 관찰해서 유명해졌다. 그는 실험을 위해 동태평양붉은문어Octopus rubescens 44마리를 세 가지 상황 속에 두었다.

첫 번째 상황에서 앤더슨은 수족관 뚜껑을 열고 얼굴을 물 가까이 가져가서 문어가 그를 잘 볼 수 있게 했다. 그동안 다른 사람이 문어의 행동을 기록했다. 두 번째 상황에서 앤더슨은 문어 몸 가까이 솔을 가져갔다가 다시 물 밖으로 꺼냈다. 이때 문어가 어떻게 반응하는지 관찰했다. 세 번째 상황에서 앤더슨은 수족관 왼쪽 앞 구석에 게를 넣었다. 그런 다음 문어의 반응은 물론 문어가 게를 잡는 데 걸린 시간도 기록했다.

실험 결과는 놀라웠다. 모든 문어가 세 가지 상황에서 다르게 행동했다. 어떤 문어늘은 특히 겁쟁이였다. 구멍에 숨는가 하면 심지어 먹물을 뿜었다. 어떤 문어들은 용감하게 다가가서 호기심을 보이며 상황을 탐색했다. 여기서 더욱 흥미로운 일이 있었는데, 문어들은

○

상황이 달라져도 행동은 그대로였다. 솔이든 과학자의 얼굴이든 상관없었다. 겁쟁이 문어들은 똑같이 겁을 냈고 용감한 문어들은 똑같이 용감했다.

바로 그 점이 인간과 동물이 지닌 성격의 속성이다. 행동 각각의 차이는 우연이 아니라, 시간이 지나고 상황이 바뀌어도 변함없다. 용감한 자는 용감하게 행동한다. 몇 살이든, 어떤 상황이든 상관없이.

동물 성격 연구로 최근 몇 년 동안 과학계는 한껏 들썩였다. 행동 각각의 차이를 연구하는 일은 과학이 관심을 기울일 필요 없는 우연한 차이로 치부되어 왔다. 그러나 지금은 동물 성격 연구가 전 세계 과학자들이 관심을 보이는 행동생물학의 별도 분야로 자리 잡았다. 놀랍게도 개별 행동 특성은 다른 상황에서도 똑같이 나타난다. 동료에게 공격적인 동물은 새로운 환경을 탐색할 때도 더 용감하다. 무리에서 물러나 조용히 지내는 동물은 다른 상황에서도 대개 수동적으로 행동한다.

성격이 서식지 선택에 끼치는 영향은 최근에야 연구되었다. '성격 일치 가설'에 따르면, 동물은 자기 성격에 가장 잘 맞고 스트레스가 가장 적은 곳에 정착한다. 그렇다면 특히 용감한 새, 포유류, 거미들은 도시로 이주해야 마땅하지 않을까? 이 가설을 과학적으로 확인하는 일은 불가능하지는 않겠지만 대단히 어렵다. 동물 각각을 갇힌 상태에서 태어날 때부터 수년 동안 관찰하고 끊임없이 성격을 테스트해야 한다. 그래야 행동의 차이가 오랜 기간 안정적으로 유지되느지 확인할 수 있다. 그러나 야생에서라면 '미션 임파서블'이다. 정말로 용감한 지빠귀와 야생토끼가 시내에 사는 걸까? 아니면 시간이 흐를수록 번잡한 도시에 적응하며 두려워할 필요가 없다는 사실을 배웠기 때문에 더 용감해졌을까?

주변 환경을 파악하라

적합성이 특히 높은 장소를 찾았다면, 자손도 그곳에 정착해야 이치에 맞다. 풍부한 식량, 쾌적한 온도, 느슨한 경쟁, 포식자나 기생충이 거의 없는 곳이라면 머물 가치가 충분하다! 게다가 머물고 싶지 않거나 머물 수 없더라도, 다양한 메커니즘을 이용해 적합한 서식지를 찾을 수 있다. DNA가 길을 안내하는 듯하지만, 학습 태도와 성격 또한 새로운 거주지를 선택할 때 큰 역할을 한다. 새로운 장소로 이동한 동물은 학습을 거쳐 새로운 지역에 익숙해질 수 있다. 그렇게 새로운 조건에 적응하고, 지금까지 몰랐던 지역도 정복할 수 있다.

이런 얘기는 우리 인간이 새로운 환경에 익숙해지는 데도 도움이 되는 좋은 조언이다. 주변 환경을 파악하고 거기에 익숙해져라! 내가 프랑크푸르트에서 한 일이 바로 이것이다. 그러면서도 나는 이 새로운 환경이 내게 적합하지 않다는 낌새를 확실히 감지했다. 내 적합성은 점점 떨어졌다. 프랑크푸르트는 내가 자란 곳과 달라도 너무 달랐다. 나는 브란덴부르크의 호수와 숲이 그리웠다. 아마도 내 성격이 프랑크푸르트에 살기에는 심하게 자유분방했거나 진지함이 부족했으리라. 거주지가 성격에 맞지 않으면, 올바른 결정은 하나뿐이다. 우리가 자란 곳으로, 아니면 적어도 그 근처로 다시 돌아가야 한다. 그러나 곧 보게 될 생태공학자의 사례처럼, 제3의 가능성도 있다. **세상을 너에게 맞춰라!**

바이오필리아

> "한 국가의 위대함과 도덕적 진보는 그 나라에서 동물이 받는 대우로 가늠할 수 있다."
> – 마하트마 간디

예전에 프랑크푸르트에서 야생토끼를 보고 관심이 생겼을 때, 나를 놀라게 한 일이 있었다. 프랑크푸르트시가 사냥꾼에게 맹금류와 족제비를 이용해서 토끼를 사냥해 달라고 의뢰한 일이다. 시 당국은 토끼가 도시 절반을 파헤치는 바람에 건물이 무너질 위험까지 발생했다는 명분을 내세워 머릿수로 상금을 타는 토끼 사냥을 정당화했다. 토끼들은 겨울이 되면 녹지의 나무껍질을 갉아 먹었다. 과도하게 굴을 파고 폭식하는 토끼들의 행동은 프랑크푸르트시의 신경을 긁었을 뿐 아니라 시 예산도 만만찮게 긁어댔다. 하물며 길 한복판에 무더기로 쌓인 엄청난 배설물은 보는 이의 식욕을 떨어트렸다.

독일 도시의 골칫거리가 야생토끼만인 건 아니다. 「베를리너타

《게스슈피겔》은 2021년 4월에 이런 헤드라인을 보도했다. "경찰이 불법 벌목꾼인 설치류를 체포한다." 박물관섬의 나무를 허가 없이 베면 안 된다는 규정을 비버는 몰랐던 걸까? 한 그루 정도 쓰러졌다면 아마도 베를린시는 그냥 넘어갈 수 있었으리라. 하지만 결코 일회성 사건이 아니었다. 비버는 새로운 서식지를 찾아 베를린 시내를 돌아다니며 허가 없이 나무를 갉아 먹었고, 결국 경찰이 나설 수밖에 없었다. 그러나 여기서 끝이 아니다! 이 설치류는 훔친 목재로 댐을 지었다. 당연히 무허가로. 그런데도 베를린 비버는 프랑크푸르트 야생토끼와 달리 빈둥거리는 자유를 누린다. 보호 종에 속하는 동물이기에 시 재산을 훼손하더라도 기껏해야 경고를 받는 게 전부다.

도시에서 인간과 야생동물이 갈등을 빚는 사례가 늘면서, 생물학자인 나는 이런 의문이 생겼다. **도시에 거주하는 동식물을 처벌하는 대신 우리와 잘 지내도록 도우려면 우리가 무엇을 할 수 있을까? 그들의 '교양 없는' 행동에서도 혹시 우리가 배울 점이 있을까?**

바위너구리의 땅

박사과정을 시작했을 때는 내가 앞으로 몇 년 동안 어떤 흥미로운 동물을 다루게 될지 전혀 몰랐다. 야생토끼는 서식지 생태계에 막대한 영향을 끼치므로 '핵심 동물'이다. 말하자면 생명이라는 연극에서 핵심 배역을 맡은 배우다.

물벼룩 같은 몇몇 유기체는 개체 수가 퍽 많고 중요한 식량 공급원이므로 역시 핵심 동물이다. 야생토끼 또는 비버는 거처를 새로 짓거나 개조하거나 철거하며 자신의 서식지를 직접 만들기 때문에 핵심 동물이다. 아울러 생태공학자이기도 하다.

페니키아인이 기원전 1100년경에 최초로 에스파냐에 사는 야생토끼를 보고했다. 마지막 빙하기 이후에는 토끼들은 북아프리카와 이베리아반도에서만 발견되었다. 에스파냐라는 이름은 이 시기에 붙여졌다고 한다. 에스파냐에 처음 상륙했을 때, 페니키아인은 그곳에 사는 야생토끼가 어쩐지 낯익었다. 에스파냐 토끼들이 아프리카에서 보았던 바위너구리를 닮았기 때문이었다. 바위너구리는 크기가 토끼만 하고 외모는 마멋을 연상시킨다. 그래서 페니키아인은 에스파냐를 '이쉬판인Ishepan-in'이라고 불렀는데, 대략 '바위너구리의 땅'이라는 뜻이다. '이쉬판인'은 나중에 라틴어로 '히스파니아Hispania'가 되었다. 그러나 페니키아인이 틀렸다. 야생토끼와 바위너구리는 가까운 친척이 아니다.

야생토끼는 생태공학자다. 제 서식지를 직접 만들기 때문이다. 빙하기 이후로 이 포유류는 다양한 식물이 자라는 넓은 반건조 초원을 차지했다. 순수 채식주의자인지라 식물에 의존한다. 풀 또한 토끼가 없으면 자랄 수 없다. 이 둘은 어떤 관계일까?

프랑크푸르트 사람들 눈에는 볼썽사나운 지뢰인 것이 자연 관점에서 보면 작은 생태공학자들의 최고 업적이다. 작은 생태공학자 동료들이 한 장소를 정기적으로 방문하면 머지않아 똥 무더기, 즉 공중변소가 만들어진다. 어떤 변소는 거주지 바로 옆에 있기도 하고,

어떤 변소는 멀리 국경 지대에 있다. 그런데 토끼들은 왜 공중변소를 사용할까? 소통을 위해서다! 토끼의 똥과 오줌에는 나이, 사회적 지위, 성별 등을 나타내는 매우 개별적인 냄새 물질이 들었다. 토끼들은 변소에 들를 때마다 이런 냄새 물질을 서로 교환한다. 거주지 바로 옆에 있는 중앙변소는 그곳에 거주하는 토끼들만 사용한다. 공중변소를 사용하면 조만간 개별적인 냄새가 풍기는데, 나는 이를 '집 냄새'라고 부른다. 집 냄새는 토기 털에 배어 그들의 소속을 나타낸다. 몇몇 연구에서 밝혀졌듯이, 집 냄새는 집단을 조화롭게 유지하는 데 중요한 역할을 한다. 반면 국경 지대 변소는 사회적 지위가 아주 높은 수컷들만 사용한다. 그들의 테스토스테론 수치는 침략자들에게 섣불리 침입하지 말라는 경고를 보낸다.

토끼들은 변소에서 온갖 잡담과 소문을 교환하는 동시에, 똥을 눌 때마다 서식지를 위해 뭔가 좋은 일을 한다. 그들의 똥은 식물 씨앗을 퍼트리고, 토양을 비옥하게 가꾸며, 넓은 초원에 풀이 무성하게 웃자라지 않도록 방지한다. 똥에는 질소 같은 영양소가 들었는데, 수많은 식물이 이를 이용한다. 이를테면 벼과 식물인 불피아 실리아타 Vulpia ciliata나 안드리알라 인티그리폴리아Andryala integrifolia라는 노란 들꽃 또는 선개불알풀Veronica arvensis이 여기에 속한다. 에스파냐 초원의 척박한 토양에서 토끼의 공중변소는 진정한 오아시스다. 또한 토끼들은 변소를 지을 때 강력한 발톱으로 지표면을 긁는다. 그렇게 토끼들이 풀을 뜯어 먹고 땅을 긁으며 식물의 발달을 자꾸 방해해서 식물이 심하게 우거지지 않도록 방지한다. 연약한 일년생 풀들은 수많은 다년생 식물 군락지에서 존재감을 드러낼 기회가 거의 없다. 이런 식물의 씨앗은 토끼가 폭식하지 않으면 한 장소에서 다른 장소로 옮겨질 수 없다. 놀랍다, 공중변소에서 배설하는 것만으로도 이렇게 대단한 일을 할 수 있다니!

야생토끼는 탁월한 건축 기술자이기도 하다. 강력한 앞발로 방이 여럿인 굴을 몇 미터 길이와 깊이로 팔 수 있다. 이렇게 지어진 굴의 반지름은 최대 1.5미터에 달하기도 한다. 초목이 울창하면 토끼는 작은 굴을 여러 개 만든다. 보호막 구실을 할 둔덕이 적어 여럿이 공유해야 하면, 다 같이 모여 살 큰 굴만 몇 개 만든다. 이런 현상은 나의 연구 지역인 프랑크푸르트 일대에서도 나타났다. 도심에서 우리는 1헥타르당 세 개가량 굴을 찾아냈다. 공원 지역 사이에는 둔덕이 참 많은데, 토끼들은 이곳에 굴을 평균 여섯 개 지었다. 반면 수변 농촌 지역에서는 굴의 밀집도가 1헥타르당 0.3으로 훨씬 낮았다. 대신 이곳 굴은 규모가 훨씬 컸다. 내가 연구하는 농촌 지역 한 곳에는 출입구가 50개 넘는 거대한 토끼굴이 있었다. 당연히 이 굴에는 더 많은 야생토끼가 모여 살았다.

원룸이든 셰어하우스든 더 안전한 숙소로 이사하는 일은 자연에서 스트레스를 예방하는 보편된 수단이다. 직접 지은 집은 바람, 날씨, 포식자에게서 우리를 확실하게 보호해준다. 만일 직접 집을 지을 수 없다면 그냥 더 안전한 곳으로 이사하면 된다. 땅속의 호화로운 토끼굴은 다른 생명체들에게도 도움을 준다. 지중해 지역 연구가 보여주었듯이, 토끼굴이 있는 지역에서 도마뱀은 다양성이 더 풍부하고 개체 수도 더 많았다. 작은 도마뱀들은 순례길에 만난 토끼굴을 일종의 민박집처럼 이용했다. 땅속 깊이 있는 토끼굴은 안전하고 편안하게 밤을 보낼 숙소가 되어줄뿐더러, 도마뱀이 먹을 수 있는 온갖 종류의 맛있는 곤충이 땅속을 기어다닌다. 이런 식으로 야생토끼는 작은 도마뱀부터 스라소니까지 수많은 다른 동물에게 서식지를 마련해준다. 에스파냐 야생토끼는 다양한 초원 조성에만 기여하는 존재가 아니다. 먹이사슬에서 없어선 안 될 연결 고리이기도 하다.

야생토끼의 공학 기술에 감탄하기 위해서라면 굳이 에스파냐까지 가지 않아도 된다. 프랑크푸르트에서도 이른바 토끼가 시 재산을 훼손한 덕분에 얻는 유익성을 확인할 수 있다. 나는 현장 조사 당시 토끼 공중변소 주변에서 식물이 더 풍성하게 자라는 현상을 거듭 목격했다. 녹지관리국은 토끼를 쫓아내는 대신 그들이 제공하는 거름에 감사해야 한다. 프랑크푸르트에서도 토끼굴은 다른 동물의 집으로도 사용된다. 굴 사용 실태를 확인하려고 굴 입구를 들여다보았더니 드물지 않게 생쥐, 들쥐, 심지어 고슴도치가 놀란 눈으로 나를 빤히 쳐다보았다. 토끼가 끼치는 피해보다 도시 생물 다양성에 공헌하는 역할이 더 크지 않을까?

피해 얘기가 나와서 하는 말인데, 야생토끼 사례는 생태공학자가 새로운 낯선 생태계에 들어가면 무슨 일이 벌어지는지도 보여준다. 땅을 파헤치고 긁는 행동이 지중해 초원에는 생명의 묘약이었지만 호주 관목 지대에는 치명타였다. 1859년 처음으로 유럽토끼 24마리가 영국 배를 타고 호주에 도착했다. 영국인들은 토끼를 식용으로 우리에 가두어 키우다가 나중에는 사냥용으로 들판에 풀어놓았다. 재앙은 정해진 순서를 밟아 나갔다. 토끼들은 호주 관목 지대에서 폭발적으로 번식했다.

토끼가 호주에 상륙한 지 150년이 넘었을 때 호주 환경부는 충격적인 결산을 보고했다. 야생토끼는 식물과 토양을 훼손할뿐더러, 토착 야생동물의 먹이 경쟁자이기도 했다. 토끼가 폭발적으로 번식하면서 가뭄철과 산불 이후에 특히 심각한 영향을 끼쳤다. 토끼들은 눈에 보이면 뭐든 닥치는 대로 먹어치웠다. 최초의 토끼가 이 붉은 대륙에 발을 디딘 순간부터 줄곧 그들은 수많은 토착 동식물이 쇠퇴하는 길에 한몫했다. 생태계가 조화롭게 균형을 이루려면 모든 생명체가 적합한 시기에 적합한 장소에 있어야 한다는 이치를 가장 잘 보여주는 인상 깊은 사례다.

건축가 비버

유럽비버Castor fiber는 한때 유럽 전역과 아시아 대부분에서 많이 발견되었다. 설치류에 속하는 이 포유동물은 서식지를 자기 맘에 들게끔 바꾸는 능력을 수백만 년 동안 발달시켰다. 그 능력은 다른 여러 생명체의 요구도 채워줬다.

많은 사람이 모르는 사실이 있는데, 비버는 자신만의 영토를 설정해서 냄새로 표시해놓고 적극 방어한다. 집은 이 영토 안에 짓는

유럽비버는 유럽에서 가장 중요한 생태공학자다.

데, 입구가 물속에 있다. 그래서 원치 않는 불청객이 방문하는 일이 없도록 매우 효과적으로 대비할 수 있다. 비버들은 물이 너무 얕으면 서로 힘을 합쳐 댐을 만든다. 그러기 위해 큰 통나무를 베어 물이 흐르는 방향과 나란히 놓고 둑에 고정한다. 그다음 나뭇가지, 돌멩이, 신흙으로 댐을 쌓는다. 종종 한 영토 안에 댐을 여러 개 건설하기도 한다. 길이가 최대 3미터에 이르는 이 댐들 때문에 작은 저수지가 생기고 물살도 약해진다. 비버는 이렇게 물을 막아서 수위가 달라지더라도 언제나 서식지 입구가 물에 잠기게끔 한다. 또한 저수지 덕분에 이전보다 넓은 수면을 사용할 수 있다. 비버는 작은 운하를 지나 저수지 사이를 오가며 먹이와 건축자재를 운반할 수 있다.

생태공학자인 비버는 다양한 방식으로 서식지를 바꾼다. 게다가 다른 생명체에게도 매우 귀중한 존재다. 비버는 저수지 사이 운하를 확장해서 범람 지역을 연결하는 교통 상태를 개선한다. 가뭄 때면 댐은 물을 천천히 방류해서 중요한 수자원이 된다. 홍수가 나면 물이 대량으로 범람하지 않게끔 완충한다.

비버는 나무를 갉아 서식지에 죽은 통나무를 공급한다. 쓰러진 통나무는 곤충, 새, 양서류, 포유류의 식량 창고와 어린이집 구실을 한다. 나무좀Scolytinae이나 어리호박벌Xylocopa은 오로지 죽은 통나무에만 알을 낳는다. 또한 나뭇잎과 줄기가 물속에서 서서히 썩어 먹이 순환에 탄소를 공급한다. 시간이 흐를수록 이 영양분이 풍부한 퇴적물이 저수지와 운하에 쌓여 박테리아, 곰팡이, 곤충의 천국이 된다. 퇴적물은 물살도 늦춰서 달팽이, 벌레, 물살이가 물 바닥에서 더욱 평화롭게 살 수 있도록 돕는다. 식물 또한 비버의 혜택을 받는다. 나무들이 쓰러지면서 숲에 공터가 생기면 그곳에 새로운 식물이 정착할 수 있고, 관목도 햇빛을 넉넉히 받을 수 있다.

식물도 생태공학자다

야생토끼와 비버는 타자를 바꾸는 생태공학자다. 이들은 다른 생물 또는 무생물의 형태를 바꿔 자신의 환경에 변화를 준다. 토끼는 식물을 긁어내거나 땅에 구멍을 판다. 비버는 나무를 쓰러트리고 댐을 만들어 물을 막는다. 그러나 자신을 바꾸는 생태공학자도 있다. 이 생명체들은 서식지 대신 자기 자신을 바꾸고, 그 결과로 서식지에도 극적인 영향을 끼친다.

이렇게 자신을 바꾸는 생태공학자는 대개 식물이다. 골풀과에 속하는 융쿠스 제라르디Juncus gerardii가 좋은 예다. 이 풀은 뉴잉글랜드의 염습지에서 자란다. 미국 로드아일랜드주 브라운대학교 샐리 해커와 마크 버트너스는 이 풀이 염습지 생태공학자로서 어떤 기능을 하는지 관찰했다. 연구진이 실험 염습지에서 소금갈대를 제거했더니 다른 식물들도 제대로 자라지 못했다. 토양의 염분 함량이 대거 증가했기 때문이다. 소금갈대는 햇빛을 차단해 토양에서 물이 증발하지 못하도록 막는다. 물이 덜 증발하면 토양에 염분이 덜 쌓인다. 소금갈대는 지상에서 산소도 흡수해 특수 조직을 거쳐 뿌리로 운반해 토양의 산소 함량을 높인다.

생태공학자라는 용어는 과학계에 논쟁을 불러온다. 생태공학자라고 하면 마치 동물과 식물이 의도적으로 환경에 변화를 일으키는 것처럼 들린다. 비버, 야생토끼, 소금갈대가 공학자로서 그네들 작업을 인식하는 것처럼 들린다. 사실 그들은 늘 하는 일을 그냥 할 뿐이다. 비버는 그저 제 할 일을 할 뿐이다. 나는 공학자라는 용어에 별다른 신경을 쓰지 않는다. 오히려 생태계에서 차지하는 중요도로 종을 분류하는 체계가 더 큰 문제라고 생각한다. 모든 종이 각기 제자리를 잡아야 비로소 생태계 전체가 작동한다. 그렇게 보면 정도 차이가 있을 뿐, 모든 생명체가 생태공학자다.

가장 위대한 생태공학자는 누구일까

　동물과 식물 눈에는 인간과 자연의 갈등이 어떻게 비칠까? 우리가 그네들 집에 저지른 행위에 그들은 어떤 경고와 처벌을 내릴까? 숲에서 나무를 베어내고, 습지를 메마르게 만들고, 강의 모양을 바꾼 일은? 우리 인간은 영향력이 가장 큰 생태공학자다. 우리 인간만큼 철저하게 서식지를 조성하고 변경하고 파괴하는 생명체는 없다. 네덜란드 도시생태학자 메노 스힐트하위전도 비슷한 견해를 제시했다. 자신의 책 『도시에 살기 위해 신화 중입니다』에서 인간을 자연의 일부이자 생태계 설계자로 설명한다. 인간은 오랜 터줏대감 종들의 서식지를 파괴하고, 동시에 다른 종을 위한 새로운 서식지를 만든다. 동식물 생태공학자와 달리, 인간이 환경을 변경할 수 있는 범위는 지난 몇 세기 동안 몇 배나 증가했다. 반면 비버, 야생토끼, 갈대는 여전히 수천 년 전과 비슷한 속도로 공학자 업무를 처리한다.

　아울러 에스파냐의 토끼와 유럽비버의 개체 수가 감소하는 현상은 그네들 능력이 생태계에 얼마나 시급하게 필요한지 보여준다. 그들이 사라지면 재앙이 다가온다. 에스파냐에서는 들판이 황폐해지고, 독일에서는 강이 직선으로 바뀌는 데다 비버가 댐을 건설할 수 없게 되면서 거듭 홍수가 발생한다.

내가 생각하건대, 우리 주변의 다른 생명체에 더 깊이 공감하는 첫 단계는 우리 인간 또한 동물이고 자연의 한 부분이라는 사실을 기억하는 것이다. 우리는 주변의 다른 생명체와 공기, 물, 산소를 공유한다. 자신과 자연이 분리되어 있다고 여기는 사람이 있겠지만 그건 사실이 아니다. 우리는 비버와 그 친구들한테서 모든 생명체는 저마다 고유한 능력이 있다는 사실을 배울 수 있다. 이들 능력을 올바른 장소에 사용하면 생태계 전체가 혜택을 받는다. 새로운 서식지가 마련되고 기존 서식지가 보호된다.

우리 인간을 위한 올바른 장소는 어디일까? 우리가 각자 최적의 삶을 산다면 어떨까? 우리가 행복하고 자신에게 적합하다고 느끼는 바로 그곳이 우리 자리다. 우리 재능을 발휘할 수 있는 곳. 각자의 능력으로 자신과 주변 사람들의 삶을 풍요롭게 가꾸는 곳. 행복하고 만족감을 누리는 사람은 필요한 만큼만 가져가고, 다른 생명체에도 이로운 풍요를 만들며, 정원을 조성하고 나무를 심고 꽃밭에 씨를 뿌린다.

나는 프랑크푸르트 생활에 에너지를 엄청 쏟아부었기 때문에 그곳에서 내 잠재력을 최대로 발휘하지 못했다. 어쩌면 이 에너지를 무수히 많은 긍정적 활동에 투자해서 나와 내 동료의 서식지를 더 좋은 곳으로 매만질 수 있었으리라. 그러나 나는 셰어하우스를 청소하거나 친구들의 정원을 같이 가꿀 힘이 없었다. 그림 그리기, 음악 만들기, 글쓰기 같은 내 능력의 대부분은 수년 동안 휴업 상태였다. 그냥 그럴 맘이 생기지 않았다. 나는 좌절감을 잊기 위해 일, 소비, 익스트림 스포츠로 눈을 돌렸다. 오직 나 자신과 내 일에만 집중했다.

○

한 가지는 확실했다. 우리가 우리 자신의 본성과 조화를 이룬다면, 소비와 파괴가 아닌 절제와 창의성이 우리를 움직인다. '나'를 벗어나 더 많은 '우리'로 초점이 이동한다. 이런 생각은 바이오필리아 개념에도 드러난다. 바이오필리아^{biophilia}, 곧 '생명애'는 정신분석학자이자 철학자며 사회심리학자인 에리히 프롬이 처음 만든 용어다. 그가 말하는 바이오필리아는 생명과 살아 있는 모든 존재를 열렬히 사랑하자는 개념이다. 다른 생명체뿐 아니라 그들의 성장을 위한 구상이나 계획도 지원하려는 욕구다. 모든 생명체가 제 서식지에서 생물학적 본성에 걸맞게 행동한다면 그 자체로 자신을 위한 멋진 보금자리를 마련할뿐더러, 다른 생명체를 위해 균형을 잘 유지하는 길이기도 하다. 몇몇은 더 많이 몇몇은 더 적게 말이다. 나아가 우리 인간은 다른 생명체의 행위를 처벌하는 대신 더 관대하게 더 깊이 공감하며 함께 살아갈 수 있을 것이다. 우리가 더 세심하게 살피며, 모든 생명체는 저마다 고유한 능력과 삶이 있고 모든 유기체는 자기 환경에 긍정적 영향뿐 아니라 부정적 영향도 끼칠 수 있다는 사실을 다른 생명체에게서 배울 수 있을 것이다. **우리 인간은 큰 전체의 일부분이고, 생태계 안에서 우리 자리를 잘 지켜야 한다. 우리 자신과 다른 생명체의 안녕을 위해.**

4장

언제나,

최선의 하루를 선택하는

자연

달에 간 곰

"완벽을 두려워할 필요 없다. 어차피 너는 거기에 도달하지 못할 것
이다."

— 살바도르 달리

2019년 4월 11일 이스라엘 탐사선 '베레시트'가 우주 임무를 시작했
다. 목표는 달이었다. 그러나 탐사선이 달 표면에 착륙하기 직전 송
신이 끊겼다. 무슨 일이 있었던 걸까? 착륙을 시도하던 중 엔진 하나
가 멎었다. 베레시트는 통제력을 잃고 달 쪽으로 추락하더니 달 표면
'고요의 바다'에 곤두박질쳤다.

　　고가의 탐사선을 잃은 손실만으로도 이미 충분히 심각했지만,

이제 과학자들은 혹여 지구 생명체로 달을 오염하진 않았는지 걱정해야 했다. 탐사선에는 데이터와 인간 DNA가 담긴 저장 매체 말고도 지구 생명체 가운데 가장 생명력이 강한 곰벌레가 있었다.

곰벌레는 탁월한 생존력 덕분에 달나라 여행 티켓을 거머쥘 수 있었다. 진정한 세계 여행자답게 그들은 찬물, 더운물, 단물, 짠물 가리지 않고 세계 거의 모든 물에서 발견된다. 육지에서는 축축한 곳을 선호하며 부드러운 이끼 이불에서 뒹군다. 심지어 히말라야에서도 이 작은 곰벌레를 만날 수 있다. **그렇다면 불사신 곰벌레는 과연 달에서도 살아남을 수 있을까?**

숲속의 잠자는 곰벌레

곰벌레는 학명이 타르디그라다Tardigrada고, 1300여 종 있다. 대부분 크기가 1밀리미터 미만이라, 현미경으로 봐야만 비로소 곰을 닮은 그 모습을 확인할 수 있다. 그들은 여덟 개 다리로 천천히 그리고 다소 서툴게 움직인다. 그래서 이들 학명이 '느리다'는 뜻의 라틴어 tardus와 '걸음'이라는 뜻의 라틴어 gradus에서 나온 Tardigrada, '완보동물'인 것이다. 그네들 외모와 느린 움직임 때문에 물곰이라고도 불린다. 물곰이라는 이름은 그들이 시원한 물을 특히 좋아해서 붙여졌다.

곰벌레는 수천 년 동안 다양한 조건에 적응했다. 비결이 뭘까? 곰벌레는 제너럴리스트로서 음식을 거의 가리지 않는다. 식물세포를 즐겨 먹지만, 물벼룩 같은 작은 동물도 마다하지 않는다. 그런가 하면 더위, 추위, 극한의 압력 같은 스트레스 요인에 아주 특별한 스트레스 반응을 보인다. 이른바 **숲속의 잠자는 곰벌레**가 된다.

적합성이 위협을 받으면 이 느림보 동물은 뭉툭한 곰다리를 집어넣고 찌그러진 깡통처럼 몸을 잔뜩 웅크린 채 활동을 멈춘다. 생물학에서는 이 단계를 크립토바이오시스cryptobiosis, 즉 휴면 상태라고 하는데, 옮기면 대략 '감춰진 생명'이라는 뜻이다. 휴면 상태가 되면 세포 수분 함량이 감소하고 대사 활동이 최소한으로 준다. 휴면 상태에 든 곰벌레는 정상 수분 함량의 10퍼센트만으로 살아갈 수 있고 신진대사 비율이 0.01퍼센트로 떨어진다. 서식지 조건이 다시 개선되면, 이들은 30분 안에 잠에서 깨어난다. 곰벌레만 이런 기술을 쓸 수 있는 건 아니다. 식물(특히 씨앗), 몇몇 미생물, 선충류 같은 동물도 휴면 상태에 들 수 있다.

일단 휴면 상태에 돌입하면 곰벌레는 모든 위협에서 안전하다. 산소 부족, 가뭄, 극한의 방사선은 물론이고, 끓는 물처럼 뜨거운 온도에서건 얼음처럼 차가운 온도에서건 살아남는다. 연구에 따르면, 곰벌레는 휴면 상태로 심지어 영하 272도와 영상 151도 사이에서도 몇 분 동안 생존한다. 영하 20도에서는 수십 년을 버틸 수 있다. 다른 생명체에는 죽음을 뜻하는 높은 압력도 곰벌레를 쓰러트리지 못한다. 한마디로, 곰벌레는 진정한 불사신 슈퍼히어로로다!

곰벌레의 이런 초능력을 우리 인간이 모르고 지나칠 리가 없다. 휴면 상태라는 기발한 전략 덕분에 이 '미니 곰'은 인기 있는 연구 대

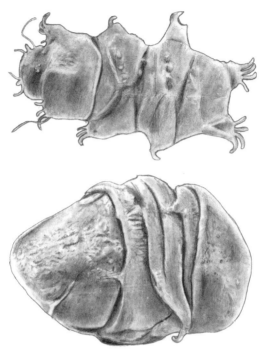

곰벌레는 극한의 생활 조건도 어렵지 않게 견뎌낼 수 있다. 비결은 '숲속의 잠자는 공주'로 변신하는 능력이다. 휴면 상태에 들면(아래) 그들은 수분 함량을 낮추고 몸을 찌그러트려서 표면적을 줄인다.

상으로 부상했다. 우주비행사들이 달 탐사선 베레시트에 태울 정도로 인기가 높았다. 시뮬레이션을 해보니 곰벌레는 우주에서도 휴면 상태로 머물다가 다시 깨어나 계속 살아갈 수 있었다. 이런 초능력은 이떻게 작동할까? 과학자들은 오늘날까지 이 질문에 답을 내놓지 못한다. 해답을 찾을 수 있는 유력한 단서는 바로 **완보동물 무질서 단백질**tardigrade disordered proteins, TDPs에 있다.

줄에서 이탈해 혼자 춤추는 단백질

당신도 분명 기억하듯이, 단백질은 구조가 중요하다. 효소들이 열쇠와 자물쇠처럼 정확히 맞아야 제대로 작동한다. 가뭄, 열, 방사선 같은 스트레스 요인은 단백질의 형태와 모든 대사 반응을 위험에 빠트린다. 그러나 본성이 무질서한 단백질은 그렇게 호락호락 당하지 않는다. 무질서 단백질은 열쇠가 아니라 스위스 군용 칼처럼 작동하고, 구조가 매우 유연하다. 스트레스를 받는 동안 무질서 단백질은 이런 유연성으로 다른 단백질이 형태와 기능을 유지하도록 돕는다. 식물이나 동물처럼 더욱 복잡한 생물의 단백질 중 약 40퍼센트가 무질서 단백질이다.

곰벌레는 스트레스를 받으면 자신의 고유한 무질서 단백질인 TDPs를 만든다. TDPs는 세 가지 단백질군으로, 다른 생명체에서는 지금껏 발견되지 않은 특별한 단백질이다. 이 TDPs가 서로 달라붙어 처음에는 긴 섬유를 형성한다. 온도가 올라가면 섬유는 건축 자재인 퍼티와 비슷한 젤 형태가 된다. 이 젤이 정상 단백질을 감싸서 그 단백질들이 스트레스 상황에서 크게 변형되지 않게끔 보호한다. 서식지의 스트레스 요인이 증가하면 TDPs 수도 증가한다. 컴퓨터 시뮬레이션과 실험실 실험을 해보면 TDPs의 눈덩이 효과를 확인할 수 있다. TDPs가 많을수록 서로 더 많이 달라붙는다. 곰벌레의 수분 함량이 떨어지면 젤은 유리 같은 고체로 굳는다.

이렇게 뛰어난 스트레스 반응으로 곰벌레는 지구 거주자들 사이에서 의심의 여지없이 진정한 행운아가 되었다. 그러나 막강한 곰벌레도 휴면 상태에서 다시 깨어날 수 없는 상황이 있다.

스웨덴 크리스티안스타드대학교 잉에마르 욘손 연구진은 실험을 위해 곰벌레를 열흘 동안 극한 조건에 두었다. 유럽우주국ESA과 협력해서 곰벌레 수백 마리를 해발 281킬로미터 높이의 지구 저궤도에 진입시켰다. 미리 수분 함량을 낮춘 릭테르시우스 코로니퍼 Richtersius coronifer 종과 밀네시움 타르디그라둠Milnesium tardigradum 종 곰벌레들이 실험을 하는 동안 휴면 상태에 있었다. 연구진은 실험 곰벌레를 세 그룹으로 나누고 서로 다른 조건에 두었다. 1번 그룹은 우주의 진공 상태만 견디면 되었다. 2번 그룹은 진공 상태 말고도 자외선 UV-A와 UV-B도 견뎌야 했다. 3번 그룹이 가장 힘든 조건에 놓였다. 그들은 2번 그룹과 같은 상황에서 추가로 UV-C도 받았다.

열흘 후 연구진은 이 작은 우주여행자늘을 다시 실험실로 네려와 휴면 상태에서 깨웠다. 그랬더니 1번 그룹 곰벌레들은 두 종 모두 문제없이 진공 상태에서 살아남았다. 그들의 신체 기능은 지구에 계속 머문 통제 집단과 똑같이 정상이었다. 하지만 2번 그룹 곰벌레들은 운이 별로 좋지 않았다. 생존 확률이 우주여행 이후 뚜렷하게 낮아졌다. 2번 그룹에서 밀네시움 타르디그라둠 종의 68퍼센트가 휴면 상태에서 깨어날 수 있었지만, 그 후 사망률이 매우 높았다. 그렇다면 3번 그룹 곰벌레들은 어떻게 되었을까? 진공 상태와 모든 자외선이 합쳐진 조건은 곰벌레에게 치명적인 칵테일이었다. 밀네시움 타르디그라둠 종 곰벌레 120마리 중 단 세 마리만 살아남았다.

슈퍼곰벌레의 크립토나이트

슈퍼맨의 약점이 크립토나이트라면 곰벌레의 약점은 UV-C인 모양이다. UV-C는 자외선이다. 자외선은 우리 눈에 보이지 않지만, 가시광선 바로 옆에 붙어 있다. 자외선을 분류하면 UV-A, UV-B, UV-C, 세 종류로 나뉜다. A에서 C로 갈수록 복사선 파장이 점점 짧아지고 에너지는 강해진다. UV-C는 가장 강력한 자외선으로 생명에 특히 위험하다. 그래서 박테리아, 바이러스, 곰팡이 같은 단세포생물의 증식을 막는다. 과학자들이 실험실을 무균 상태로 유지하기 위해 종종 UV-C의 이런 특성을 이용한다. UV-C는 식물, 동물, 인간 같은 다세포생물의 DNA를 파괴한다. 파라매크로바이오투스 Paramacrobiotus 종 곰벌레를 실험했더니, 이 종은 UV-C 아래서 한 시간을 생존할 수 있었다.

따라서 베레시트 임무에서 곤두박질친 곰벌레가 달에 정착할 가능성은 거의 없다. 지구상 모든 생명체는 대기권의 보호를 받아 UV-C 자외선을 피할 수 있지만, 달에서는 상황이 다르다. 그곳 대기권은 얇디얇아서 유해 광선을 충분히 막아주지 못한다.

곰벌레가 휴면 상태인데도 달 추락 사고에서 살아남을 수 있었는지 또한 의문이다. 퀸메리런던대학교 천체화학자 알레한드라 트라스파스 무이냐는 베레시트와 곰벌레의 추락 소식을 듣고, 켄트대학 캔터베리 캠퍼스의 마크 버셀과 실험을 설계했다. 입시비우스 뒤아르디니Hypsibius dujardini 종 곰벌레를 48시간 동안 냉동해서 휴면 상태에 둔 다음, 잠자는 이 곰벌레를 특수 가스총에 장전하고 진공 상태에서 발사했다. 살아 있는 총알 구실을 한 이 곰벌레가 생존할 수 있는 발사 속도와 압력은 얼마나 될까? 초속 0.9킬로미터와 1.14기가파스칼(GPa)이다. 이 이상은 모두 죽음으로 끝났다.

곰벌레는 아마도 달에 추락해서 살아남지 못했을 것이다. 비록 베레시트의 추락 속도가 초속 수백 미터에 불과했지만, 탐사선이 추락할 때 일어난 충격파가 금속 상자 안에 1.14기가파스칼보다 훨씬 큰 압력을 생성했다. 2021년 5월 「네이처」 인터뷰에서 트라스파스 무이냐는 이렇게 말했다. "우리는 곰벌레가 추락에서 살아남지 못했다고 확신합니다."

곰벌레는 적합성과 수행 능력을 유지하는 데 필요한 기본 조건이 있다는 사실을 우리에게 알려준다. 생명은 회복력이 있지만, 또한 연약하기도 하다. 삶의 무대에 선 배우들은 특정 조건이 갖춰져야 생명에 필요한 과제를 해낼 수 있다. 생명에 필요한 과제 목록에는 내적 질서 유지, 성장, 환경 대응, 번식, 발달이 포함된다. 이런 과제를 수행하려면 먼저 물, 공기, 태양 같은 에너지원 등 생명에 친화적인 조건이 갖춰져야 한다.

다음에 새로운 곳으로 갈 때는 생존에 필요한 모든 요소가 목적지에 있는지 미리 확인할 필요가 있다. 당신의 적응 능력을 벗어나는 서식지도 있는 터라, 당신은 내가 프랑크푸르트에서 겪기도 한 신경 쇠약을 앓거나 (더 나쁘게) 곰벌레처럼 다시는 깨어나지 못할 수도 있다. 설령 이 작은 곰벌레가 생존하더라도 다시 지구로 복귀하려면 우주에서 다음번 달 탐사를 고대해야 하리라. 그렇게 오래도록 그들은 휴면 상태로 지구 주위를 돌아야 한다. **모든 모험이 해피엔드로 끝나진 않는다.**

스트레스는 0일 수 없다

"변화만큼 지속하는 것은 없다."
– 에페소스의 헤라클레이토스

베를린에 미처 집을 구할 겨를도 없을 만큼 급작스럽게 나는 프랑크푸르트를 탈출했다. 모든 짐은 브란덴부르크 외곽에 있는 부모님 집으로 보냈다. 정작 나는 그곳에 단 몇 주만 머물렀다. 그 후로는 친구들 집 거실 소파를 전전하며 저렴한 아파트를 찾았다. 베를린도 예전 같지 않았다. 그런데도 나는 다시 올바른 장소에 와 있다고 느꼈다. 독일 수도를 사랑했고 이곳에 사는 게 좋았다.

그렇다고 베를린에서 스트레스를 전혀 받지 않았다는 뜻은 아니다. 프랑크푸르트에서와 마찬가지로 집을 관리하고, 생활비를 벌고, 박사학위를 마쳐야 했다. 그러나 차이가 하나 있었다. 나는 이제 땅에 뿌리를 단단히 내린 식물이었다. 이 땅은 내게 비옥했고 내가 행복해지는 데 필요한 모든 것을 갖췄다. 폭풍이 불어도 나는 쉽게 쓰러지지 않을 수 있었다.

지금은 베를린에 살지 않는다. 남편과 함께 4년 전에 베를린 남부를 떠나 브란덴부르크 외곽의 아름다운 슈빌로브제 호숫가로 이사했다. 언젠가부터 베를린이 너무도 많이 변해서, 이 도시가 우리에게 그리고 우리가 이 도시에 이제 더는 적합하지 않았다. 나는 농촌에서 자랐고 동물과 함께하는 삶이 항상 중요했다. 고양이는 반드시 우리와 함께 지내야 하지만, 밖에서 자유롭게 지낼 기회도 있어야 했다. 남편은 음악이 취미였고 집에 드럼을 들여놓고 싶어 했다. 그런 까닭에 우리에게는 시골이 적합하다는 생각이 차츰 굳어졌다. 그러던 차에 우리에게 적합한 장소를 찾아냈다. 대신 몇 가지는 포기해야 했다. 베를린의 밤 문화라든지 엎어지면 코 닿을 곳에 있는 마트라든지.

완벽하다고 말할 수 있는 장소가 과연 있을까? 모든 것이 옳고 스트레스 요인이 전혀 없는 이른바 지상 낙원 말이다. 모든 산업이 우리 삶에서 스트레스를 말끔히 없애주겠다는 약속을 하고 돈을 번다. 그들은 우리가 이 앱을 사용하거나 저 휴양지를 방문하기만 하면 완벽한 삶을 얻을 수 있다고 떠벌린다. 그러다 보면 나는 스트레스의 아버지 한스 셀리에를 떠올리게 된다. 셀리에는 끊임없이 스트레스가 삶의 양념이요 수프에 뿌리는 소금이라고 강조하며 이렇게 썼다. "스트레스는 피해야 하는 대상이 아니다. 사실 스트레스를 피할 수도 없다. 당신이 무엇을 하건 당신에게 무슨 일이 일어나건 계속 살아 있으려면, 그리고 변화하는 조건에 적응하려면 항상 에너지가 필요하다. 긴장을 싹 풀고 잠을 푹 자더라도 당신은 스트레스를 받는다. 심장은 계속 피를 펌프질해야 하고, 위장은 음식을 소화해야 하고, 근육은 당신이 호흡할 수 있게 가슴을 움직여야 한다. 당신이 꿈을 꾼다면 뇌조차 좀처럼 쉬지 않는다." **셸리에의 말이 옳다면, 최고의 적합성을 위한 완벽한 장소는 있을 수 없다. 그렇지 않은가?**

다윈의 악마

생물학 관점에서 완벽한 서식지는 스트레스 요인이 하나도 없는 장소일 것이다. 성가신 동료가 없다. 식량이 넘쳐난다. 짝짓기 파트너가 한없이 많다. 스트레스 요인이 없으면 스트레스도 없다. 스트레스가 없으면 수행 능력은 최대고 적합성 역시 최고다.

최고 적합성이란 어떤 모습일까? 영국 생물학자 리처드 로가 1979년에 이 주제를 연구했다. 최고 적합성을 지닌 생명체라면 태어나는 즉시 짝짓기를 시작해야 마땅하다. 한 번 번식할 때마다 최대한 많은 자손을 낳아야 하고, 늘 번식력이 있어야 한다. 그리고 어디에 있든 항상 짝짓기 파트너를 찾을 수 있어야 한다. 리처드 로는 이 가상 유기체를 찰스 다윈의 이름을 따서 '다윈의 악마'라고 불렀다. 그러나 다윈의 악마가 실존하는지는 지금껏 밝혀질 수 없었다. 왜일까? 이런 초적합성 유기체는 모든 자원이 무제한으로 공급되는 곳에만 존재할 수 있다. 식량, 짝짓기 파트너, 일생 전체가 이런 자원에 포함된다. 불멸의 생명체라야 무한히 증식할 수 있고 최고 적합성에 도달할 수 있으리라. 그런 만큼 오랜 기간 생태계를 지배할 테고 결국에는 이 생명체 단 한 종만 남게 될 것이다.

○

하지만 이 세상 거대한 생물 다양성이 그와는 반대라고 입증한다. 식량이 풍부하고 이론상 모든 생명체가 최대로 번식할 수 있더라도 이른바 **트레이드오프**trade-off가 있다. 트레이드오프란 얻는 것이 있으면 자동으로 잃는 것도 있다는 뜻이다. 야생토끼가 번식에 투입하는 시간과 에너지는 자손을 늘릴 가능성을 높인다. 대신 이 자원을 다른 일에는 사용할 수 없다. 생명체는 영구히 번식만 할 수 없다. 획득한 에너지를 때때로 유기체 복구에도 사용할 수 있어야 한다. 또는 아주 직설적으로 말해, 매일 밤 즐기는 파티와 섹스는 길게 보아 건강에 좋지 않다. 신체는 규칙적으로 휴식하며 자원을 보충할 기회가 필요하다. 따라서 시간도 제한된 자원에 속한다. 토끼는 풀을 뜯으면서 동시에 짝짓기 파트너를 찾지는 못한다.

선택하고 집중하는 자연

매일 수천 가지 결정을 내려야 한다. 오늘 뭘 입어야 할까? 점심에는 무얼 먹을까? 어떤 영화를 볼까? 파트너 찾기, 이사, 이직 같은 정말 중요한 선택 말고도 무수히 많은 결정을 내려야 한다. 수많은 사람이 크고 작은 삶의 갈림길에서 어떤 선택을 해야 할지 고민한다. 더러는 선택지가 지나치게 많다. 선택하기가 여전히 두려운 사람은 그냥 아무것도 하지 않거나 익숙한 일을 한다. 결정을 내렸더라도 다른 길이 더 좋지 않았을까 하는 의구심에 괴로워하는 사람도 많다.

사람마다 하루에 내릴 수 있는 결정의 수가 제한되어 있다는 이론이 있다. 애플 공동 창업자 스티브 잡스는 한 번이라도 결정을 덜 내리려고 늘 같은 옷을 입었다고 한다. 네 시간 근무제를 창시한 티머시 페리스는 매일 아침 같은 메뉴를 골라서 매일 내려야 하는 결정의 수를 줄였다. 많은 결정이 경험치에 따라 무의식중에 내려진다. 우리는 순전히 자동으로 같은 경로로 출근하고 언제나 같은 브랜드의 시리얼을 산다.

기본적으로 모든 결정은 이런 질문으로 요약할 수 있다. 사용 가능한 자원을 어떻게 배분해야 할까? 나는 무엇에 돈을 쓰나? 한정되었기에 더욱 소중한 생애를 나는 어떻게 보내고 있나? 박테리아건 곰팡이건 동물이건 모든 생명체는 매일 자원 배분 문제와 마주한다. 생물학에서는 이를 '할당 문제'라고 한다.

생활사 이론life history theory에 따르면, 생명체는 많은 결정을 서식지에 의존해서 내린다. 유기체는 긴 안목으로 높은 적합성을 달성하려면 생활 방식에서 식량, 보금자리, 짝짓기 파트너 같은 사용 가능한 자원을 고려해야 한다. 달리 표현해서, 가지고 있거나 벌 수 있는 돈보다 많이 소비하면 (적합성) 계좌는 언제까지나 흑자 대신 적자일 수밖에 없다.

한 장소에 오래 산 생명체일수록 서식지 자원을 어디에 얼마나 할당할지 능숙하게 결정한다. 획득한 에너지는 되도록 자신의 적합성을 가장 잘 지원하는 행동 방식이나 신체 과정에만 사용한다. 이런 방식으로 이른바 **생활사 전략**life history strategy이라는 서로 다른 삶의 전략이 발달했다.

진화생물학에서는 이런 다양한 생활사 전략을 유기체와 환경이 상호작용한 결과라고 가정한다. 생활사 전략은 동물이나 식물이 특정 서식지에서 얻는 모든 장단점의 총합이다. 아주 간단하다. 최고의 생활사 전략을 보유한 생명체는 적합성도 더 높다. 생존해서 많이 번식하는 생명체는 서식지에서 자기 유전자가 여러 세대에 걸쳐 계속 살아남게 할 수 있다.

모든 것은 전략에 달렸다

헝가리 티서강의 하루살이Palingenia longicauda 암컷은 애벌레 상태로 진흙 속에서 3년을 기다린 후 번데기를 벗고 성충이 되어 짝짓기를 한다. 이 광경을 식섭 목격하려고 매년 수천 명이 티서강을 찾는다. 어쩌면 수컷 하루살이가 짝짓기 임무를 완수하고 죽어 꽃잎처럼 강 위에 떠 있는 이른바 티서강 하루살이 꽃잎을 보려고 이곳을 찾는 것이리라. 암컷은 이제 알을 낳아야 할 임무가 남아 수컷보다 조금 더 오래 살 수 있다. 암컷 하루살이는 무리를 지어 상류 쪽으로 몇 킬로미터를 날아간다. 그러다 물수제비를 뜨는 조약돌처럼 때때로 수면 위를 점프하며 알을 조금씩 낳는다. 그렇게 낳는 알이 총 9천 개 정도 된다. 마지막 알을 강에 낳고 암컷은 죽는다. 그들은 임무를 완수했고, 그네들 자손은 3년 후 같은 운명을 맞이할 것이다.

티서강 하루살이는 확실히 생활사 전략의 극단인 사례다. 애벌레는 3년 동안 진흙 속에서 끈기 있게 기다린 후 마침내 하루살이가

티서강 하루살이는 r-전략가의 전형이다. 암컷은 알을 최대 9천 개 낳고 곧바로 죽는다.

되어 짝짓기를 하고 바로 죽는다. 그러나 이 방식은 시간이 지나면서 그들에게 가장 적합한 전략으로 입증되었다. 종에 따라 생활사 전략이 다른데, 생명체를 r-전략가$^{r-strategist}$와 K-전략가$^{K-strategist}$ 둘로 분류할 수 있는 특성 몇 가지가 있다. 박테리아, 개미, 유럽일반개구리, 생쥐에 이르기까지 r-전략가는 전 세계 어디에나 있다. 'r'은 rate의 약자로 높은 번식률을 뜻하는데, 이 전략을 쓰는 생명체가 자손을 아주 많이 낳기 때문이다. 유럽일반개구리$^{Rana\ temporaria}$ 암컷은 물에서 알을 최대 4400개나 낳을 수 있다. r-전략가는 주로 자원 공급이 매우 불안정한 장소에 서식하기 때문에, 자손을 많이 낳아 생존하는 개체 수를 늘린다. 때때로 먹이가 넉넉하거나 부족해서 자손 사망률이 매우 높다. r-전략가는 또한 자손을 세심하게 돌보는 부모가 아니다. 하루살이와 유럽일반개구리 암컷은 알을 낳기만 하고 그냥 내

○

버려 둔다. 개구리 알 노른자위 안에는 먹이가 극히 소량만 준비되어 있다. 분명 수많은 자손 중 극히 일부만 살아남을 것이다. 그러나 이런 손실은 처음부터 고려된 사항이다. 마치 복권과도 같다. 많이 살수록 당첨 확률이 높아진다. r-전략가는 불안정한 생활 조건에서 최소한 일부만이라도 생존시키려고 되도록 자손을 많이 낳는다. 그래서 r-전략가는 대개 빠르게 성장하고 체구도 작다. 그만큼 수명이 짧고 대부분 어린 나이에 벌써 번식을 시작한다.

r-전략가는 또한 높은 번식률로 새로운 서식지에 금방 정착할 수 있다. 자손이 모두 유성생식으로 만들어진다면, 다들 지닌 설계도가 서로 다르다. 그들 중 적어도 일부는 새로운 조건에서 생존할 확률이 상당히 높다. 휴경지를 빠르게 정복할 수 있는 개척자 식물도 r-전략가에 속한다. 수백만에 달하는 씨앗과 포자로 질보다 양에 의존하는 해조류, 이끼, 양치류 역시 r-전략가다.

r-전략가 반대편에는 K-전략가가 있다. K-전략가는 조건이 오랜 기간 안정적으로 유지되는 서식지에 산다. 'K'는 용량 제한 Kapazitätsgrenze을 뜻하는데, K-전략가의 서식지가 이미 용량 제한선에 거의 도달했기 때문이다. 용량 제한은 서식지에서 오랜 기간 생존할 수 있는 최대 개체 수를 뜻한다. K-전략가가 r-전략가처럼 증식한다면 그네들 서식지는 곧 터져버릴 것이다. 그냥 공간이 부족하다.

K-전략가의 예로는 코끼리, 고래, 인간 같은 수많은 포유류와 새들이 있다. 아프리카코끼리Loxodonta africana africana가 성적으로 성숙하려면 10~12년이 걸린다. 암컷은 임신 22개월 후에 새끼를 한 마

리만 낳고 최대 4년 동안 젖을 먹인다. 어미 코끼리는 모든 자원을 이 한 아이에게 쏟아붓는다. 모든 일이 순조롭게 진행된다면 이 코끼리는 70살까지 살 수 있다. 따라서 K-전략가는 천천히 성장하고 큰 체구를 지닐 수 있다. 그만큼 늦게 번식을 시작하고, 스스로 집중해서 돌볼 수 있을 만큼만 자손을 낳는다. 양보다 질에 집중하기에 자손 사망률은 r-전략가보다 낮다.

어떤 생존 전략이 올바른지는 서식지에 달렸다. 자원이 많은 서식지라면 자손도 많이 낳을 수 있다. 용량 제한선에 이미 도달한 서식지라면 개체군 밀도를 안정적으로 유지하기 위해 자손을 지극히 소수만 낳아야 한다. 그러나 한 종이 따르는 전략이 항상 분명한 건 아니다. 야생토끼 암컷은 새끼를 연간 평균 4~5마리 낳으므로 인간과 비교하면 r-전략가에 가깝다. 그런데 한 번에 최대 6마리까지 낳을 수 있기 때문에 유럽일반개구리와 비교하면 K-전략가에 가깝다. 이렇듯 보는 관점에 따라 달라진다.

어디로 가고 싶은데?

냉정하게 말해 진화적 적합성 관점에서 최적의 서식지 같은 건 없다. 셀리에가 옳았다. 스트레스가 말끔히 사라지는 일은 죽은 뒤에나 가능할 것이다. 살아 있는 동안에는 스트레스 요인이 언제나 있을 것이다. 적합성이 최대일 수 없게 방해하는 트레이드오프가 언제나 있기 때문이다. 게다가 서식지는 끊임없이 변화하고 결코 똑같이 유

○

지되지 않는다.

지구상 모든 생명체는 삶이라는 무대의 모든 소품과 배우들이 스트레스 요인이 될 수 있다는 사실을 늘 염두에 두어야 한다. 주변 온도가 가파르게 상승하거나 하강하기만 해도 벌써 몇 시간 안에 생명을 위협할 수 있다. 다른 사람이나 동물이 당신을 적으로 보고 공격할지도 모른다. 당장은 스트레스가 없어 보이는 장소를 찾았더라도 그 상태가 계속 유지된다는 보장이 없다. 서식지와 거주자는 항상 서로 영향을 끼친다. 포식자가 넘치면 곧 피식자가 부족해진다. 피식자 수가 회복되면 포식자 수도 다시 증가하기 마련이다. 아무것도 정지한 채 가만히 있지 않는다.

도시 서식지는 특히 역동적이다. 생활 조건이 도시만큼 빠르게 바뀌는 곳도 아마 없을 터다. 도로와 고층 빌딩 사이에 크고 작은 공원과 개인 정원이 펼쳐진다. 버려진 공장, 황폐해진 철로, 묘지 등으로 도시는 이른바 서식지 모자이크다. 게다가 이 모자이크는 끊임없이 변화한다. 오늘까지 황무지였던 곳에 내일이면 벌써 고층 빌딩이 들어선다. 도시의 수많은 동물 거주민들은 어디에서 무엇을 하며 살지 줄곧 새롭게 결정해야 한다. 우리 인간도 마찬가지다.

프랑크푸르트 안팎의 도시토끼와 시골토끼는 동물이 서식지의 자원에 따라 어떤 결정을 내리는지 보여주는 좋은 예다. 평원이 펼쳐진 시골에는 울창한 덤불에 굴을 만들 기회가 거의 없다. 그래서 토끼들은 몇 안 되는 덤불에 모여 큰 무리를 짓고 커다랗게 굴을 파서 함께 살 수밖에 없다. 반면 도시에는 작은 굴을 여러 개 만들 수 있는 둔덕이 아주 많다. 그래서 도시토끼들은 소규모로 모여 사는 방식을 선호한다. 큰 무리를 지어 사느냐 마느냐 하는 결정은 다른 여러 측면에도 영향을 끼친다. 예를 들어 시골토끼는 도시토끼보다 더 많은 시간을 집단 내부의 의사소통에 투자해야 한다.

현재 사용 가능한 자원을 파악하는 일이 얼마나 중요한지를 나는 경험으로 배웠다. 오랫동안 나는 벌이보다 많은 돈을 썼다. 그렇게 우리는 다른 생명체와 마찬가지로 사용 가능한 자원을 관리하는 일이 향후 결정에 영향을 끼친다는 사실을 배운다. 구동독 시대를 대표하는 표어 "Wir hatten ja nüscht!(우리는 가진 게 없었다!)"에서 짐작할 수 있듯이, 구동독 시절에 나와 부모님은 마트에서 선택권이 별로 없었다. 사용할 수 있는 자원이 한정되다 보니 결정하기가 수월했다. 시간이 없어 점심을 걸러야 한다면 뭘 먹고 싶은지 생각할 필요도 없다. 옷을 살 돈이 부족하면 복장 선택이 더 간단해진다.

뭔가를 **하기**로 결정하는 순간 당신은 동시에 다른 뭔가를 **하지 않기**로 결정하는 셈이다. 이는 거주지, 직업, 파트너에도 똑같이 적용할 수 있다. 도시토끼는 아마도 작은 무리로 사는 편이 더 편안할 것이다. 그러나 동시에 작은 굴에서 작은 무리로 살면 포식자의 공격을 최적으로 방어하지 못하므로 안전하지 않다. 그런데도 도시토끼는 이런 위험을 무릅쓰는데, 그건 정말로 두려워해야 할 대상이 확실하게 없기 때문이다. 유럽일반개구리나 하루살이 역시 알을 수천 개씩 낳아 모두 똑같이 잘 돌볼 수는 없다. 나도 풀타임으로 일하면서 동시에 하루 몇 시간씩 책 집필에 집중할 수는 없다는 사실을 깨달았다.

그러나 어느 쪽을 선택해야 옳은지 어떻게 알 수 있을까? 우리 자원을 어떻게 배분해야 할까? 이런 물음이 생길 때마다 내게는 루이스 캐럴의 책 『이상한 나라의 앨리스』에 나오는 한 장면이 떠오른다. 끊임없이 이상한 나라를 돌아다니던 앨리스가 한 갈림길에서 멈춰 선다. 그곳에는 체셔 고양이가 나무 위에 앉아 있다. 앨리스는 어느 쪽 길로 가야 좋을지 고양이에게 묻는다. 영리한 체셔 고양이가 대답한다. "그건 네가 가려는 곳에 달렸지." 이 대답에 실망한 앨리스는 자신도 그걸 모르겠다고 말한다. 체셔 고양이가 하품하며 몸을 웅크린 채 말한다. "그럼 어느 쪽으로 가든 상관없어."

올바른 길로 가려면 먼저 녹석시를 알아야 한다. 생명의 목표 한 가지는 되도록 많은 자손을 남기는 일이다. 최대 적합성의 전제 조건은 최대 수행 능력이고, 내 생각에는 이 점이 본질인 것 같다. **우리가 행복하고 만족하면, 우리의 수행 능력도 올바른 길 위에 있는 것이다.**

그러므로 타협의 여지가 없고 절대 포기할 수 없는 이른바 당신의 '마지막 보루'가 무엇인지 생각해볼 필요가 있다. 당신이 건강하고 만족스럽고 행복하게 살려면 무엇이 꼭 필요한가? 당신에게 정말로 중요한 것은 무엇인가? 일상에서 꼭 필요한 몇 가지 결정을 확실히 해 두면, 다른 것들도 제자리에 두기가 수월하다. 매주 토요일 아침에 참석하는 요가 수업 또는 한 달에 한 번 여는 친구 모임이 그런

타협 불가능한 '마지막 보루'일 수 있다. 그런 부분들이 UV−C 자외선을 막아주는 대기만큼 중요할 수 있다. 중요한 결정일수록 자신에게 솔직해야 한다. 자연의 고요함 속에서 시간을 보낼 필요가 있다. 머리를 비우고 몸을 느껴야 한다. 동물과 식물처럼 온전히 현재에 머물러야 한다. 매 순간 어떤 결정이 옳은지 동식물이 안다면, 우리 인간도 당연히 알아야 하지 않을까? **적어도 비슷하게나마 다윈의 악마가 될 수 있는 장소를 찾기 위해 우리의 신체적, 정서적 욕구를 따르는 게 마땅하지 않을까?**

매일 포식자를 맞닥트리더라도

"어둠을 불평하기보다 작은 등불 하나를 밝히는 것이 낫다."
– 공자

프랑크푸르트에서 박사과정 4년째 되던 해에 주변 사람들이 하나둘 여기저기로 떠나기 시작했다. 나와 같은 시기에 시작한 다른 동료들은 차례차례 박사과정을 마쳤다. 그리고 나도 떠났다. 적어도 3개월 동안은 프랑크푸르트의 일상에서 탈출했다, 캐나다 토론토대학교에서 유학 장학금을 받았기 때문이다. 나는 그곳에서 저명한 스트레스 연구자인 루디 분스트러에게 동물 배설물에서 스트레스 호르몬 측정하는 방법을 배우고 싶었다.

○

2013년 3월에 토론토행 비행기를 탔다. 마침내 프랑크푸르트를 벗어나 3개월 동안 정식 급여를 받으며 일하게 되어 흥분되고 기뻤다. 실험실에서 토끼 똥을 치우는 일마저 프랑크푸르트의 일상을 이어 가는 것보다 훨씬 매력적으로 느껴졌다. 그러나 나중에 밝혀졌듯이, 내 스트레스도 토론토행 비행기를 함께 탔다.

내가 도착한 날 루디 분스트러가 내게 연구실을 보여줬는데, 그때 나는 시차 적응이 덜 된 상태였다. 질문이 있으면 다른 박사과정 학생에게 물으라고 했다. 내 토끼 샘플을 캐나다로 가져올 수 없었기 때문에, 루디는 그냥 눈덧신토끼의 샘플로 호르몬 측정 기술을 배우라고 제안했다. 분스트러 연구진은 방금 유콘에서 토끼 통을 잔뜩 가져다 놓은 참이었다. 이제 샘플 무게를 재고 분석해야 했다.

루디 분스트러는 이미 수십 년 동안 캐나다 유콘 남부에서 눈덧신토끼Lepus americanus를 연구해 왔다. 눈덧신토끼는 외모만 보면 귀여운 집토끼를 떠올리게 하지만, 사실은 덩치가 크고 약간 무섭게 생긴 산토끼에 속한다. 산토끼 중 가장 작은 종으로, 미국과 캐나다 같은 북아메리카 북부에 서식한다. 말하자면 눈덧신토끼는 산토끼 왕국의 호빗인 셈이다. 작은 몸집과 어울리지 않게 발이 무척 크고 두꺼운 털로 빽빽하게 덮였다. 이런 커다란 '눈덧신' 덕분에 눈 속에 빠지지 않고 걸을 수 있다. 북극의 이 산토끼는 호빗과 공통점이 많다. 단연코 위장의 달인이다! 겨울에 그들의 털은 눈 덮인 서식지와 똑같이 새하얗다. 그런데 여름이 되면 털이 갈색으로 바뀌어 눈이 없는 주변에 숨어든다. 포식자의 주요 먹잇감인 이 산토끼들은 계절마다 늑대,

눈덧신토끼는 캐나다 유콘 지역에서 늑대, 스라소니, 독수리의 주요 먹잇감이다.

스라소니, 독수리 등의 공격을 경계하며 되도록 눈에 띄지 않아야 한다. 루디 분스트러는 눈덧신토끼의 스트레스 호르몬이 1년 동안 어떻게 변화하는지 알아낼 생각이었다.

　이 연구의 해답을 찾기 위해 토끼 배설물을 분석하는 동안 나 자신도 스트레스 호르몬을 대량으로 분출했다. 나는 창문 하나 없이 환풍기만 시끄럽게 돌아가는 실험실에 온종일 움크리고 앉아 있었다. 흥미로운 작업이었지만, 매우 고되기도 했다. 화학약품의 혼합 비율을 정확히 계산해야 했고, 내 집중력을 고스란히 쏟아부어야 했다. 작은 실수 하나가 전체 측정을 망칠 수 있었다. 게다가 화학약품이 엄청 비쌌다. 나는 절대 실수하지 않으려고 모든 분석 단계를 아주 신중하게 살폈다. 아쉽게도 도와주는 사람이 별로 없었다. 동료들은 무척 친절했지만 다들 자기 일로 몹시 바빴다. 과학계가 원래 그렇다. 그들에게는 독일에서 온 아무것도 모르는 박사과정 학생을 위해 내어줄 시간이 없었다. 캐나다 대학교도 성과 압박이 독일보다 절대 약하지 않았다. 다들 최대한 효율적으로 일해야 했다.

무게를 재는 샘플마다 나는 눈덧신토끼를 생각했다. 추운 유콘에서 이 동물은 어떤 삶을 살아야 했을까? 포식자를 끊임없이 경계해야 하는 '호빗 토끼'의 일상은 장기간에 걸쳐 절대적인 스트레스를 안겼을 터다. 과학자 대다수는 장기간에 걸친 스트레스, 곧 만성 스트레스를 며칠 또는 몇 주 동안 도주 또는 투쟁 반응이 내내 이어지는 상태로 이해한다. 시상하부, 뇌하수체, 부신 사이를 오가는 연결이 계속 활성화된다. **그러나 눈덧신토끼라면 그 상태가 삶의 일부분 아닐까? 이 토끼에게도 만성 스트레스 같은 게 과연 있을까?**

용감한 토끼에서 겁쟁이 토끼로

만성 스트레스 개념은 한스 셀리에의 일반적응증후군에서 출발한다. 기억을 돕기 위해 정리하면, 셀리에는 실험쥐가 겪는 세 단계, 즉 경고, 저항, 소진 단계를 관찰했다. 여기서 마지막 소진 단계에 들어선 실험쥐는 영구적인 스트레스 요인에서 벗어날 수 없었다. 만성 스트레스 상태에서 위궤양, 고혈압, 면역 체계 약화 등의 증상을 보였다. 셀리에 연구의 결론은 이렇다. 만성적으로 스트레스를 받으면 언젠가 소진 단계에 도달하고 건강에 문제가 생긴다.

한스 셀리에의 실험쥐 같은 설치류 실험에서 만성 스트레스가 건강에 나쁘다는 일반 견해가 나왔다. 통제할 수 없고 예측할 수 없는 서식지에 살면 끊임없이 도주하거나 투쟁해야 하기 때문이다. 많은 연구에서 보여주듯이, 스트레스 호르몬은 실험실 동물의 DNA에 있는 유전자의 질을 떨어트리고 장기적으로 질병을 유발한다. 만성 스트레스는 무덤으로 가는 확실한 길인 것 같다. 그러나 루디 분스트러는 다르게 생각했다.

"만성 스트레스에 관한 연구 대부분은 실험실에서 진행한다. 바로 여기에 문제가 있다. 실험실 생쥐와 들쥐는 식량이 무제한 공급되는 인공 서식지에서 사육한다. 그래서 그들은 포식자, 질병, 가혹한 환경조건을 알지 못한다. 대신 야생에 사는 동료들이 전혀 겪지 않는 스트레스 요인에 노출된다. 게다가 실험실 동물은 근친교배가 흔해서 야생동물만큼 적응력이 없다." 루디 분스트러는 자신의 논문 「스트레스의 주요 원인인 현실: 만성 스트레스가 자연에 끼치는 영향 재고Reality as the leading cause of stress: rethinking the impact of chronic stress in nature」에서 이렇게 언급했다. 또한 이 논문에서 야생동물의 만성 스트레스를 둘러싼 가정 두 가지를 설명했다.

첫 번째는 야생동물에게 만성 스트레스가 없다는 가정이다. 야생동물에게 만성 스트레스가 있다면 치명적일 터기 때문이다! 영구적으로 스트레스를 받는 동물은 수명이 짧거나 질병에 훨씬 취약하기 마련이다. 결국에는 조만간 죽고 말 것이다.

두 번째는 자연에 만성 스트레스가 생각보다 훨씬 흔하다는 가정이다. 대다수 동물은 포식자와 대면하는 일이 일상이어서 이미 거기에 적응했다. 도주 또는 투쟁 반응 같은 영구적인 스트레스 반응 덕분에 생존할 수 있고 때로는 번식도 할 수 있다.

루디 분스트러는 두 번째 가정이 훨씬 타당하다고 보았다. 그가 보기에 오랜 기간 계속되는 만성 스트레스는 자연의 수많은 동물이 마주하는 평범한 경험에 속한다. 그 때문에 적합성이 훼손되더라도 만성 스트레스에는 적응할 수 있다. 이런 현상은 서식지 조건에 대처하는 진화적 적응의 일부분이다. 끊임없이 스트레스 요인에 노출되는 일이 수많은 동물한테는 지극히 정상인 듯싶다. 스트레스 요인이 적합성을 낮추기 때문에, 생명체는 스트레스 반응으로 대처하고 적응한다. 그래야 서식지에서 생존할 수 있다.

루디 분스트러에 따르면, 자연의 만성 스트레스 요인은 반응과 예측으로 나눌 수 있다. 반응성 스트레스 요인은 유기체의 균형, 즉 항상성을 약화하는 직접적인 신체 도전이다. 예를 들어 식량이 부족해진다든지 몹시 춥거나 더워지면 이런 일이 발생한다. 그렇더라도 동물은 무엇을 해야 할지 고민할 필요가 없다. 이른바 고등 뇌 영역이 관여하지 않고도 신체가 자동으로 에너지 배분을 조절한다. 반면 예측성 스트레스 요인은 훨씬 심리적이고 뇌를 더 큰 도전 앞에 세운다. 잠재된 포식자 위험을 감지하는 상태가 이런 예측성 스트레스 요인의 한 예다. 먹잇감 동물은 전략적 행동으로 상황을 자신에게 유리하게끔 바꿀 수 있다.

가장 큰 질문은 동물이 위험에 노출된 뒤에 다시 정상적인 신체 기능으로 돌아갈 수 있느냐다. 주위에 스라소니가 없어도 눈덧신토끼가 흥분할까? 그는 구석구석에 죽음이 도사린다는 걸 이미 경험으로 안다. 루디 분스터러 말마따나, 언제든지 누군가의 저녁 식사로 생을 마감할 수 있는 끊임없는 위험 앞에서 야생동물이 어떻게 반응하는지 우리는 알지 못한다. "우리가 야생에서 동물을 잡아 실험실로 데려오더라도, 그들이 보이는 행동과 신체 반응은 자연 서식지에서와 다를 확률이 매우 높다"고 루디 분스터러는 설명했다. 스라소니의 공격 한 번만으로도 용감한 눈덧신토끼를 만성 스트레스에 시달리는 겁쟁이 토끼로 만들 수 있겠거니 추측할 뿐이다. 스트레스 요인인 스라소니가 사라진 지 오래더라도, 토끼는 계속 영향을 받는다. 루디 분스터러는 이런 현상이 우리 인간의 트라우마 경험과 유사하다고 본다. 우리가 불운을 겪고 나면, 그때 이미 우리는 예전의 그 사람이 아니다. 트라우마 경험은 우리 안에 깊이 남아 아마도 끊임없이 더 조심하고 경계하며 살게 만들 것이다. 그러나 이런 경계 태세는 신경을 곤두세우고, 많은 에너지를 소비하며, 사람이건 눈덧신토끼건 적합성을 떨어트린다. 스트레스 요인이 만성인지 급성인지 여부는 스트레스 요인이 실제로 지속하는 기간보다 생명체 건강에 얼마나 오래 영향을 끼치느냐에 달렸다.

○

모든 생명체는 다 다르다

그러나 진화생물학 관점에서 보면 만성 스트레스도 의미가 있다. 그 덕분에 눈덧신토끼는 스라소니의 다음번 공격을 피할 수 있게끔 더 철저히 대비한다. 피식자는 자기 적합성이 불필요하게 위협받지 않도록 점점 더 조심한다. 루디 분스트러는 논문에서 이렇게 설명했다. "포식자, 식량 부족, 악천후 같은 스트레스 요인이 등장하면 동물은 아마 만성 스트레스에 시달리겠지만, 스트레스 반응이 적응하며 적합성을 회복하도록 이끈다." 피식자는 도주 또는 투쟁 반응이 줄곧 활성화되며 생긴 적합성 손실을 이런 식으로 상쇄한다. 그렇지 않았다면 눈덧신토끼는 오래전에 이미 유콘 곳곳을 뛰어다니지 못했을 것이다.

루디 분스트러는 수많은 연구를 신행했는네, 그중 하나가 다양한 피식자의 스트레스 호르몬을 추적한 작업이었다. 이 조사에서 그는 흥미로운 점을 발견했다. 사냥을 한참 당하는 동안 스트레스 호르몬 수치가 아주 높은 동물 종이 있는가 하면 매우 낮은 동물 종도 있었다. 주변에 포식자가 많을 때, 눈덧신토끼와 북극땅다람쥐 Spermophilus parryii의 배설물 샘플에서 스트레스 호르몬이 많이 검출되었다. 그러나 들쥐와 사슴은 달랐다. 주변에 포식자가 수두룩해도 스트레스를 받지 않았다. 위험할 때 계속 스트레스 반응을 활성화하는 기능은 일부 종에만 유익하고 다른 종에는 그렇지 않다. 왜 그럴까?

루디 분스트러는 이렇게 설명했다. "모든 생명체가 다 다르고, 저마다 삶의 전략도 다르다. 이때 피식자와 포식자 사이에 일어나는 상호작용이 중요한 역할을 한다. 눈덧신토끼는 서식지에서 하늘과 땅의 수많은 포식자에 둘러싸여 수년을 산다. 이 기간에 토끼 개체군의 90퍼센트 이상이 사망한다. 이 시기에 우리도 특히 높은 스트레스 호르몬 수치를 측정할 수 있었다. 그들은 영구히 도주 또는 투쟁 반응을 보이기 때문에 만성 스트레스에 시달린다. 그러나 그들이 생존하고 조금이나마 번식할 기회를 얻는 길은 이 방법뿐이다. 그들은 눈앞에 놓인 상황에서 그저 최선을 끌어낼 따름이다."

만성 스트레스를 바라보는 분스트러의 관점은 오늘날까지 내 기억 속에 남아 있다. 우리 인간은 때때로 토끼 같은 먹잇감 동물이 스트레스가 많은 삶을 산다고 가정하고 불쌍히 여길 수 있다. 그러나 동물은 각자 삶에 적합하도록 창조되었다. 포식자의 끊임없는 위협이나 추위 같은 극한의 조건에서도 생존하는 데 필요한 모든 요소를 갖췄다. 그들은 도주 반응으로 가혹한 조건에 대처할 수 있다. 루디 분스트러는 우리가 실험실에서 얻은 스트레스 관련 지식 중 많은 내용이 실제와 다르다며 나를 안심시켰다. 실험쥐는 수십 년 동안 인간이 원하는 대로 짝짓기를 해 왔기 때문에 이제 야생의 동료들과 공통점이 없다.

모두 쓰레기통으로

3개월 후 나는 토론토 분스트러 연구진을 떠나 다시 프랑크푸르트로 돌아왔다. 새로 배운 스트레스 호르몬 측정 기술로 '내' 야생토

○

끼가 얼마나 스트레스를 받는지 알아보고 싶었다. 프랑크푸르트 도시토끼들은 연례 사냥 시즌을 맞아 토끼몰이를 당하는 중이었고, 나는 이 사태를 막을 수 없었기에 차라리 이 기회를 이용해 토끼들 배 속을 살펴보기로 했다. 그래서 학생들과 함께 동물을 해부하고, 장기 무게를 재고, 혈액을 검사하고, 위 내용물의 칼로리 함량을 측정했다. 그렇다, 실험실 생활이 항상 최고의 시간은 아니었다.

우리는 또한 스트레스 호르몬 함량을 측정하기 위해 똥과 혈액을 채취하고, 샘플을 영하 80도에 보관했다. 이듬해에 샘플을 분석하려 했지만 그러지 못했다. 불행히도 스트레스 호르몬 분석에 필요한 자금을 확보하기 전에 청소 팀이 먼저 와서 샘플을 모두 폐기했다. 여러 주에 걸친 작업이 문자 그대로 쓰레기통에 버려졌다. 그 순간 내 스트레스 수치는 최고점을 찍었나. 스트레스 검사를 받지 않아도 또렷이 알 수 있었다.

현 상황에서 최선을 끌어내는 방법 말고는 다른 선택이 없었다. 우선 샘플을 잃은 데서 치미는 분노를 눌렀다. 사실 분노는 상황을 더 악화시킬 뿐이다. 가까스로 구출할 수 있었던 남은 데이터를 가져와 분석했다. 미리 귀띔해 두자면, 도시토끼가 실제로 시골토끼보다 더 건강하다. 몸속 기생충이 더 적고, 혈당 수치마저 더 좋다. 내가 연구를 시작한 뒤로 나온 모든 결과를 보면 야생토끼에게는 도시가 시골보다 더 좋은 서식지다. **그러나 토끼의 낙원에도 비구름이 있고, 삶에는 언제나 뭔가가 있다……**.

스트레스 앤 더 시티

"자연을 향한 열광은 사람이 살 수 없는 도시에서 시작된다."
– 베르톨트 브레히트

프랑크푸르트에서 보낸 6년 동안 나는 매일 보는 야생토끼가 반가웠다. 학교로 가는 길에, 저녁에 외출할 때, 매일 데이터를 수집하던 중에 당연히 그들을 보았다. 시간이 지나면서 그들의 모든 행동 방식을 알게 되었다. 도시토끼와 시골토끼의 차이점을 점점 깊이 알게 되었다. 도시토끼는 더 작은 무리를 지어 살지만, 그렇다고 사회성이 부족하진 않다. 심지어 수컷과 암컷이 각자 자기 굴에 따로 살면서 서로 방문하는 듯했다. 한마디로, 도시토끼는 한껏 행복해 보였다.

이런 인상은 최신 연구 결과와도 완벽하게 들어맞는다. 점점 많은 생태학 연구에서 입증하듯이, 도시의 종들이 더 많은 자손을 낳고 더 오래 산다. 이유는 항상 같은 것 같다. 도시에는 먹이가 풍부하고 새끼를 키우기에 안전한 장소가 많다. 그러나 나는 야생토끼들이 프랑크푸르트에서 생활하는 데 나쁜 점은 없을까 궁금했다. 토끼굴은 종종 도심 번화가에 가까이 있다. 교통이 그들에게 방해가 되지 않을까? 특히 **도시의 동물과 식물은 실제로 어떤 스트레스 요인에 노출되며 거기에 어떻게 반응할까?**

도로를 건널 때 좌우 살피기

도로가 도시토끼의 삶에 얼마나 많은 영향을 끼치는지 알아보려고 나는 두 가지 연구를 기획했다. 첫 번째 연구를 위해 도시 사냥꾼 악셀 자이데만과 그가 데리고 다니는 족제비와 함께 작업했다. 우리는 프랑크푸르트 시내에 있는 프리트베르크 녹지와 레브슈톡파크라는 교외 공원에서 야생토끼를 18마리 잡았다. 그런 다음 토끼들에게 원격 송신기를 채우고 다시 풀어주었다. 적응 시간 2주를 기다린 뒤에 우리는 원격 안테나, 헤드폰, 수신기 상자를 챙겨 들고 송신기를 찬 토끼를 다시 찾아내기 위해 출동했다. 현장에서 작업할 때마다 어릴 적 생일 파티에서 즐기던 냄비 두드리기 놀이°를 하는 기분이 들었다. 원격 안테나가 숟가락이고 토끼가 냄비였다. 나는 천천히 녹시를 걸어다니며 안테나를 미리 위로 올려 사방으로 회전시켰다. 헤드폰에서 송신기 신호음이 크게 들리면 토끼가 가까이 있다는 뜻이었다.

도시에 사는 토끼들은 1미터 이내로 접근해야 비로소 도망친다. 그래서 현장 작업이 훨씬 수월했다. 우리는 안테나의 도움을 받아 눈에 보일 만큼 가까이 토끼를 추적할 수 있었고, 그래서 항상 위치를 정확히 특정할 수 있었다. 2013년 2월부터 9월까지 우리는 매일 몇

° 생일 주인공이 눈을 가린 채 손에 숟가락을 들고 바닥에 엎어놓은 냄비를 찾아 두드리면 냄비 안에 든 선물을 주는 놀이 — 옮긴이주

시간씩 밤낮 가리지 않고 토끼를 추적했다. 그렇게 해서 나는 야생토끼 13마리에서 얻은 1361개 데이터를 이용해 이른바 커널 밀도 추정 Kernel Density Estimation, KDE 작업을 했다. 이 통계법으로 토끼의 활동 범위 안에서 토끼 한 마리를 발견할 확률을 계산할 수 있었다. 활동 범위란 동물이 생활하는 전체 영역을 말한다. 동물은 자기 활동 범위 안에서 먹이를 찾고, 동료를 만나고, 새끼를 기른다. 활동 범위와 영토를 혼동해선 안 된다. 활동 범위는 능동적으로 영역 표시를 하지 않고 침략자에 맞서 방어하지도 않기 때문이다.

생물학자들 사이에서는 80퍼센트 KDE 값을 기입하는 관행이 일반적이었다. 내 계산에서 도시토끼의 80퍼센트 KDE 값은 평균 0.5헥타르였다. 내가 언제라도 내 연구 구역에 가면 굴 주변 0.5헥타르 이내에서 토끼 한 마리를 만날 확률이 80퍼센트라는 뜻이다. 0.5헥타르는 대략 테니스 코트 20개 면적이다. 이 말은 프랑크푸르트 도시토끼의 활동 범위가 지금까지 측정된 야생토끼 중에서 가장 좁다는 뜻이다. 이유가 뭘까? 도로 교통이 이 동물의 활동 범위를 제한하기 때문일까? 연구자들이 이미 밝혔듯이, 유럽오소리나 붉은여우 같은 야생동물은 도로를 따라 이동하지만 도로를 건너는 건 피한다. 박쥐처럼 날아다니는 동물도 넓은 차선은 극복할 수 없는 장애물이다. 도시 4차선 도로는 식물 씨앗을 퍼트리기에도 최상의 조건이 아니다.

특히 도심 프리트베르크 녹지는 교통량이 많은 번잡한 도로로 둘러싸여 있다. 이 녹지 남쪽 가장자리에 사는 토끼들은 도로를 그다지 개의치 않는 눈치였다. 밤에 이웃 공원으로 가려고 아무렇지도 않게 도로를 깡충깡충 건너갔다. 그러나 다른 도로들은 차가 수없이 다녀서 감히 건널 엄두를 내지 못했다. 이렇게 관찰하는 동안 나는 도시토끼들이 인접한 넓은 도로를 건너고 싶지 않아서 활동 범위를 좁혔다고 결론 내릴 수 있었다.

그러나 레브슈톡파크에 사는 토끼의 데이터는 충격적이었다! 거의 28헥타르에 달하는 이 공원은 넓이가 프리트베르크 녹지의 5배다. 토끼가 안전하게 이동할 수 있는 공간이 훨씬 넓었다. 그런데도 레브슈톡파크에 사는 토끼들은 도심에 사는 동료 토끼들보다 더 멀리까지 이동하지 않았다. 그들의 80퍼센트 KDE 값도 평균 0.5헥타르였다.

야생토끼는 활동 범위의 넓이가 서식지의 질과 밀접하게 얽힌다. 순수 채식주의자인 이 동물은 매일 정말 많은 풀을 먹는다. 풀, 씨앗, 잡초에는 칼로리가 적기 때문에 토끼들은 소와 처지가 같다. 그래서 충분한 에너지를 얻기 위해 끊임없이 먹어야만 한다. 굴 주변에 식량이 넉넉하지 않으면 토끼들은 때때로 먹이를 찾아 몇 킬로미터를 이동한다. 활동 범위가 넓을수록 서식지 조건이 더 나쁜 셈이다.

박사 논문을 작성하던 초기의 이론이 입증되었다. 프랑크푸르트 공원 녹지는 동물들이 행복해지는 데 필요한 모든 것을 제공했다. 굴을 안전하게 보호해줄 덤불 둔덕이 많고, 굴 바로 앞에 신선한 잡초와 풀이 무성하게 자랐다. 특히 레브슈톡파크는 작은 채소 텃밭들이 가까이 있어 먹을거리가 아주 많았다. 게다가 나는 공원 방문객들이 당근과 상추 따위를 토끼굴 앞에 놓고 가는 광경을 자주 목격했다. 모든 중요한 자원이 엎어지면 코 닿을 곳에 있는데, 누가 멀리까지 트레킹을 나서겠는가?

트레킹 얘기가 나와서 하는 말인데, 레브슈톡파크 한쪽 구석에는 굴 두 개를 사용하는 토끼 부부가 있었다. 굴 하나는 공원 안에 있지만, 또 다른 굴은 도로 건너편 텃밭 근처에 있다. 어느 날 밤 나는 토끼 송신기 신호음을 따라갔다. 원격 안테나는 신호음 발신지가 도로라고 또렷하게 표시했다. 나는 도로 쪽으로 갔지만, 어디에서도 토끼가 보이지 않았다. 내가 도로를 건널 때 신호음이 아래에서 들렸다. 토끼가 내 발밑에 있다고 나는 맹세할 수 있었다. 그리고 정말로 신호음이 방향을 바꿔 다시 공원 쪽으로 이동했다. 깜짝이야! 야생토끼 '시몬'의 귀가 굴 밖으로 불쑥 나왔다. 이제 송신기 신호음이 아주 크게 들렸다. 숟가락이 냄비를 두드릴 때처럼. 토끼들이 도로를 안전하게 건너기 위해 정말로 터널을 이용한다는 걸 내 눈으로 확인했다.

지름길은 때로 저주가 된다

도시에서 그런 지름길은 무척 편리할 수 있지만, 서서히 적합성을 위협할 수 있다! 자원이 넉넉해서 이제 멀리까지 이동할 필요가 없다면 개체군 밀도가 점점 상승하기 마련이다. 그리고 숙주가 많은 곳에는 병원체 역시 쉽게 증식한다. 야생토끼는 바이러스성 질병인 점액종과 토끼출혈병RHD이 문제다. 점액종은 1952년 프랑스에서 토끼 확산을 통제하기 위해 도입했다. 프랑스를 출발점으로 점액종 바이러스가 모기, 진드기, 벼룩을 매개로 전염되어 유럽 전역에 퍼졌다. 이 질병은 통제가 불가능한 상태에 이르렀고, 서유럽 토끼 개체 수가 극적으로 감소했다. 역시 바이러스로 전염되는 토끼출혈병은 전염성이 훨씬 강하다. 이 질병은 1984년 중국에서 처음 알려졌다고 해서 '중국 전염병'이라는 이름이 붙기도 했다. 토끼가 이 병에 감염되면 장기 부전과 내출혈로 며칠 안에 사망한다.

그래서 내 연구 기간에도 도시토끼 수가 확연히 감소하는 때가 더러 있었다. 특히 점액종 감염은 알아보기가 쉬웠다. 3~10일 잠복기가 지나면 토끼 눈꺼풀에 염증이 생겼다. 그다음 코, 입, 귀가 심하게 부어올랐다. 그들은 먹기를 그만두고 방향을 잃은 채 이리저리 놀아다녔다. 그러다 7~10일 뒤에 죽음이 찾아왔다. 죽어가는 토끼를 지켜봐야 하는 심정은 정말 끔찍했다.

개체군 밀도가 높은 상태에서 질병이 급속히 확산하는 위험 말고도 근친교배도 문제다. 근친교배란 가까운 친척 관계인 두 생명체가 교미하는 일을 말한다. 그게 왜 문제일까? 한 개체군의 동물이나 식물이 서로 가까운 친척 관계일수록 그들끼리 닮았다. 환경조건에 변화가 생기면, 모두 똑같이 잘 대처하거나 다 같이 대처에 실패할 확률이 매우 높다. 한 개체군의 유전자가 다양할수록 일부 개체가 스트레스 요인에 잘 대처해서 생존할 확률이 높다. 유성생식으로 탄생한 모든 생명체는 언제나 두 가지 유전자를 부모에게 받아서 한 가지 유전자를 만든다. 어머니와 아버지에게서 각각 하나씩 받는다. 유전학자들은 한 유전자를 만드는 이 두 가지 유전자를 **대립유전자**라고 부른다. 부모가 서로 가까운 친척일수록 자녀의 유전자를 만드는 대립유전자가 같을 확률이 높다. 그래서 근친교배 비율이 높은 개체군에서 불리한 돌연변이나 유전병이 더 빨리 나타난다.

서서히 접근하는 위험

질병은 일반적으로 빠르고 명확하게 퍼지지만, 근친교배는 살금살금 비밀스럽게 진행된다. 그래서 추적하려면 비용이 많이 든다. 내 두 번째 연구의 목표가 바로 그런 추적이었다. 나는 주변의 모든 사냥꾼에게 포획한 야생토끼의 조직 샘플을 보내 달라고 요청했다. 귀에서 떼어낸 작은 조각이면, 우리 연구진의 두 대학생(한나와 에블린)이 실험실에서 토끼 DNA를 채취하기에 충분했다. 나는 항상 DNA를 생명체 조립에 필요한 설계도로 상상한다. 토끼 설계도는 물살이와 근본적으로 다르다. 그러나 같은 종 안에서도 DNA에 차이가 있다. 똑같이 복제한 클론이 아니라면 모든 생명체는 유일무이하다. 우리는 바로 이 차이를 찾고 싶었다. 토끼 설계도에서 토끼마다 다른 부분을 찾아내려고 했다. 그 다른 부분은 주로 비코딩 서열이다. 그만큼 더 빨리 변이하고 그래서 한 종인 개체 간에 차이가 더 크다.

개체 간 차이를 찾는 작업은 친자 검사와 작동 원리가 같다. 가까운 친척일수록 차이가 덜 두드러진다. 우리는 이런 식으로 모든 샘플을 비교하고 토끼들의 친척 관계를 결정했다. 다음 단계에서는 다른 질문에도 대답할 수 있었다. 이를테면 동물의 근친교배는 어느 정도일까? 토끼는 인접한 공원에서 짝짓기를 할까? 이주 움직임이 있을까? 있다면 어디에서 어디로 이주할까?

"이웃집을 방문하기가 더 쉬운 것 같다." 내가 연구 결과를 발표했을 때 「슈피겔」이 이런 제목으로 기사를 냈다. 연구 결과에 나도 놀랐다! 도시토끼 개체군의 유전적 다양성은 시골토끼보다 뚜렷하게 더 높았다. 도시에서는 동물이 같은 공원에서 친척이 아닌 동종을 만나 짝짓기를 하기가 더 쉬운 모양이다. 이곳에는 토끼굴이 서로 더 가까이 붙어 있고, 개체군 밀도도 더 높다. 반면 시골에서는 소수의 토끼 무리가 몇 킬로미터씩 떨어져 산다. 기억을 돕기 위해 다시 정리하면, 농지를 깔끔하게 정리하는 바람에 빽빽한 덤불이 거의 없어서 그렇다. 단일 재배를 위해 넓은 농지를 조성하려면 관목 울타리가 사라져야 했다. 그러나 야생토끼가 굴을 지으려면 이런 빽빽한 덤불이 필요하다. 프랑크푸르트 외곽에는 굴을 짓기에 적합한 자리가 드물어, 굴들이 서로 멀찍이 떨어져 있다. 그래서 이웃집을 방문하는 일은 소수만이 단행하는 세계 일주와 같다. 프랑크푸르트 외곽에는 토끼 개체 수가 적어, 조상이 같은 자손끼리도 서로 짝짓기를 한다.

내가 연구를 진행한 2013년에는 도시토끼의 유전적 다양성이 시골토끼보다 월등히 높았다. 그러나 실험실 결과를 보면, 프랑크푸르트 도시토끼들은 도심의 다른 녹지 토끼들과 섞이지 않았다. 실제로 도로 때문에 녹지가 다른 토끼들이 서로 방문하며 짝짓기를 하기가 힘든 모양이었다. 개별 개체군이 이렇게 섬처럼 '고립'되면 길게 보아 도시에서도 근친교배가 증가할 수 있다.

흰발생쥐Peromyscus leucopus, 좁은잎해란초Linaria vulgaris, 불도롱뇽 Salamandra salamandra 같은 동식물은 이미 시골보다 도시에서 근친교배 를 더 많이 한다.

내 연구의 데이터는 또 다른 의문을 제기했다. 프랑크푸르트의 유전적 다양성은 어떻게 생겨났을까? 멀리 떨어진 다른 공원을 방문 하기 힘들게 만드는 번잡한 도로는 이미 오래전부터 도심에 있었다. 그런데도 도시토끼들은 왜 근친교배 비율이 높지 않았을까? 나는 도 시기록보관소에서 프랑크푸르트에 야생토끼가 언제부터 있었는지 찾아보았다. 1930년대부터였다. 나는 더 깊이 파고들어 1827년에 작 성된 기록을 찾아냈는데, 야생토끼는 심지어 18세기 후반부터 이미 프랑크푸르트에 살았다.

프랑크푸르트가 성장하면서 토박이 토끼들도 이른바 도시 개발 에 포함되었을 확률이 매우 높다. 자연 서식지가 도시로 개조되면서 그곳에 사는 토끼들도 함께 개조되었다. 그렇다 하더라도 도시에서 근친교배가 많지 않은 이유를 설명해주지는 못했다.

이주 비율이 한 가지 유력한 설명이 될 수 있다. 이주 비율은 한 지역 토끼들 중 원래는 다른 지역에 속했던 토끼가 얼마나 많은지를 알려준다. 우리는 레브슈톡파크에서 수집한 데이터를 모조리 살펴보 았다. 바트필벨 농촌 지역 토끼와 가까운 친척인 토끼들이 더러 섞여 있었다. 이들은 분명 언젠가 바트필벨에서 레브슈톡파크로 이주했을 것이다. 연구 지역 전체 이주 비율을 모두 계산한 우리는 놀라운 사실을 발견했다. 도시에는 원래 주변 외곽 지역 소속이던 동물이 도심 토박이보다 더 많이 살았다! 시골에서 도시로 이주한 이른바 이촌향도 때문에 도시토끼의 유전적 다양성이 더 클지도 모른다. 도시 근교에 사는 야생토끼들은 근처 도심 공원으로 이주할 방법과 기회를 찾아내는 모양이다. 여러 연구에서 입증하듯이, 실제로 야생토끼는 20킬로미터 넘게 이동할 수 있다.

고슴도치는 조명받기를 싫어한다

내 연구는 야생토끼처럼 도시에 사는 다른 여러 야생동물의 사례도 설명할 수 있다. 그리고 대도시에는 동물들의 생물학적 특성에 따라 그들을 괴롭히는 다양한 스트레스 요인이 있다. 가로등도 그중 하나다. 밤에 가로등 불빛에 이끌려 미친 듯이 떼로 몰려드는 곤충들만이 인공 빛에 영향을 받는 건 아니다. 도시 조명은 새의 이동과 번식을 엉망으로 망쳐놓거나 포식자와 피식자의 상호작용을 방해하기도 한다.

빌레펠트대학교 생물학자 나디네 슈베르트는 베를린의 조명이 유럽고슴도치Erinaceus europaeus의 행동에 끼치는 영향을 연구했다. 이 동물은 이제 시골보다 도시에 훨씬 더 흔하다. 곤충을 잡아먹는 야행성 동물인 고슴도치는 도시의 조명 주변에 특히 먹을거리가 많아서 일부러 그곳을 찾는 걸까?

유럽고슴도치는 도시의 인공 빛을 피한다.

베를린 동물원및야생동물연구소의 한 연구진이 4년에 걸쳐 베를린의 세 장소에서 밤송이를 닮은 작은 포유류에 송신기를 달았다. 나디네 슈베르트는 나와 인터뷰를 하며 이렇게 설명했다. "우리는 가속도계가 달린 GPS 송신기를 고슴도치 몸에 부착했습니다. 이 송신기가 5분 단위로 고슴도치의 위치를 알려주었지요. 가속도계는 고슴도치가 돌아다니는지 아니면 둥지에서 쉬는지 보여주었습니다." 나디네 슈베르트는 석사 논문을 위해 '고슴도치 팀'에 참여했다. 연구진은 송신기 데이터를 고슴도치의 활동 범위 광도와 연결했다. 이때 베를린의 기존 광도 기록표를 사용했다. 결과: 고슴도치 22마리 중 17마리가 밤에 인공 빛을 피해 활동했다.

추적한 동물은 대부분 조명이 있는 영역을 피해 어두운 곳에서

○

어두운 곳으로 이동했다. 고슴도치가 인간과 포식자를 적극 피하려 드는 습성이 한 가지 이유일 수 있다. 야생토끼와 마찬가지로 이런 습성 탓에 장기적으로 고슴도치 개체군이 고립될 수 있다. 그러나 덤불 밖으로 나가 과감하게 도로를 건너면 이 작은 포유동물은 차에 깔릴 위험이 있다. 차에 깔리는 얘기가 나와서 말인데, 많은 정원 소유주들이 사용하는 잔디 깎는 로봇도 도시에 사는 고슴도치한테는 위험 요소다. "잔디 깎는 로봇이 접근하면 고슴도치는 몸을 웅크립니다. 그렇게 하지 않고 다른 영리한 전술을 쓰더라도 이 상황에서는 치명적일 수밖에 없어요. 어떤 로봇은 가시 박힌 둥근 공 위로 그냥 전진하거든요." 나디네 슈베르트가 현장 작업 당시 목격담을 들려주었다.

나디네 슈베르트는 고슴도치의 도시 생활을 개선하기 위해 이렇게 제안했다. "어두운 통로를 만들어서 가로등이 켜진 도로처럼 위험한 영역을 고슴도치가 피해 갈 수 있게끔 해주면 좋겠어요. 그런 통로를 만들려면 빽빽한 덤불이 필요합니다. 가로등 밝기도 줄이면 좋겠죠." 그리고 정원 잔디를 그냥 자라게 내버려 둘 수도 있다. 그러면 잔디 깎는 로봇을 살 돈도 아낄 수 있다. 그러니 고슴도치에게만 좋은 일이 아니다!

반짝인다고 다 금은 아니다

역설적 상황이다. 전 세계 도시가 수많은 동식물에 서식지를 제공한다. 그중에는 멸종 위기에 처한 종도 있다. 동시에 도시 확장은 종종 자연 서식지 소멸을 의미한다. 숲, 초원, 연못 등이 콘크리트 더미에 갇힌다. 아니, 더 정확히 말해 콘크리트에 덮인다. 그러면 이 서식지 거주자들은 어떻게 될까? 능력이 되는 거주자들은 살길을 찾아 도시로 간다. 그러나 도시에서는 인간이 고층 빌딩과 상점 들 사이에서 물, 토양, 먹이사슬에 이르는 모든 물질 순환을 통제한다.

그리고 내 연구 결과도 반짝인다고 다 금은 아니라는 격언을 분명하게 보여준다. 야생토끼나 고슴도치 같은 몇몇 동물은 도시의 새로운 조건에 적응할 능력이 있지만, 얼마나 더 오래 버틸 수 있을까? 무대 뒤에서 그들은 자연 서식지에는 거의 없던 이런저런 스트레스 요인을 처리해야 한다. 높은 개체군 밀도는 질병을 조장하고, 유전적 다양성도 길게 보아 도시에서는 전망이 좋지 않다. 확신하건대, 9년 전에 했던 분석을 오늘 다시 한다면 도시토끼의 근친교배 수치가 분명 9년 전보다 높게 나올 것이다. 시골토끼 개체 수가 계속 감소해서 이촌향도 줄었다. 5장에서 더 자세히 살펴보겠지만, 프랑크푸르트의 도시토끼 또한 불가사의하게도 많이 사라졌다. 우리는 도시가 생물 다양성의 핵심 장소가 되리라고는 기대할 수 없다.

식물도 비슷한 처지다. 도로를 설계할 때 가로수는 번성할 공간이 필요한 생명체가 아닌 장식물로 취급된다. 나무가 자랄 공간이 비좁은 점 말고도, 아스팔트 아래 땅은 특별히 견고하게 다져져 뿌리가 뻗어 나가기 어렵다. 자동차와 트럭이 끊임없이 진동을 일으키는 바람에 땅이 더욱 단단해져 공기가 통하지 못한다. 그뿐이 아니다. 도시에서 식물은 수많은 독소에 노출된다. 중금속이 쌓인 나무는 기생충에 맞서는 자연 저항력을 잃는다. 이런 사실을 알게 되는 순간 도시의 건강한 녹색 폐라는 가로수의 이미지는 금세 흔들린다.

그래서 야생토끼는 우리 인간을 포함한 도시 거주자를 대표한다. 언뜻 보면 도시는 우리에게 필요한 모든 것을 갖춘 듯싶다. 그러나 우리 또한 빽빽이 들어찬 작은 아파트에서 서로 위아래로 포개진 채 살아간다. 인공 빛, 도로 소음, 배기가스에도 마찬가지로 노출된다. 그런데도 많은 사람이 이 서식지에 머물기를 선호한다. 그래서 도시 바깥에 사는 야생동물을 한 번도 본 적 없는 사람도 있다. 대도시의 수많은 편의 시설은 밤하늘 별빛 아래서 보내는 숲속 추운 밤과 맞바꾸기에는 더없이 매혹적이다.

내 생각에는 바로 이 지점이 핵심 문제인 것 같다. 자연림, 초원, 호수 등을 경험하지 못한 사람은 이런 자연을 보존하는 데도 관심이 별로 없다. 우리는 온도가 조절되는 집, 24시간 식량을 구할 수 있는 편의점, 온갖 게임기에 터무니없이 익숙해져 있다. 오늘날 야생에서 생존하기 위한 지식과 기술을 보유한 사람이 얼마나 될까? 어떤 풀이 먹을 수 있는 나물일까? 수도에서 물이 나오지 않으면 깨끗한 물을 어떻게 구할까? 도시는 인간에게도 비교적 새로운 서식지다. 우리 조상은 수천 년 동안 사계절 내내 자연과 상호작용하며 살았다. 스마트 홈 없이도 추운 겨울에 잘 대처하며 살았다. 그래서 우리는 다른 모든 생명체와 마찬가지로 여전히 도시의 수많은 새로운 스트레스 요인에 적응하는 중이다. **더구나 우리가 긴 안목으로 그것을**

얼마나 잘해낼지 누가 알겠는가.

회복 탄력성

"모든 것이 독이고 독이 없는 것은 없다. 오직 용량만이 독성을 없앤다."
– 파라켈수스

2020년 이 책 집필을 출판사와 논의할 때 가장 먼저 받은 질문이 제목에서 스트레스라는 단어를 지울 수 있는지 여부였다. 스트레스에 부정적 의미가 담겼고, 어차피 사람들도 이미 스트레스라면 너무 많이 안다는 얘기였다. 동식물의 스트레스를 다루는 책을 짬 내서 읽고 싶은 사람은 없을 성싶다면서 이런 제목을 제안했다. **동물과 식물의 회복 탄력성**. 어차피 모두가 회복 탄력성을 원하는 데다, 분명 다른 생명체에게 배울 만한 뭔가가 있을 거란다.

솔직히 고백하자면, 나는 그때껏 회복 탄력성이라는 용어를 거의 들어보지 못했다. 그래서 당연히 이 주제를 다루는 책이 그렇게 많다는 사실에 충격을 받았다. 심지어 기초 지식 안내서인 '더미 시리즈' 중에도 『더미를 위한 회복 탄력성Resilienz für Dummies』이 있다. 과학 서적에서 이 용어를 언급한 사례도 1995년 이후 10배나 증가했다. 의심할 여지 없이 회복 탄력성은 '인싸 유행어'다. 그러나 이 용어도

○

스트레스라는 단어와 비슷한 일을 겪는 모양이다. 사람마다 이 용어를 다르게 이해한다. 그래서 마지막으로 질문한다. **생물학 관점에서 회복 탄력성은 무엇이고, 스트레스와 어떤 관련이 있을까?**

되돌리는 능력

회복 탄력성Resilienz, Resilience은 라틴어 **resiliere**에서 나온 단어로 '뒤로 점프하다' 또는 '다시 뛰어들다'라는 뜻이다. 물리학에서 물질이 극한의 긴장이나 변형을 겪은 뒤에 다시 원래 상태로 돌아오는 성질을 회복 탄력성이라고 부르는 것은 타당해 보인다.

이 비교가 어쩐지 아주 익숙하지 않은가? 1장에서 다룬 스트레스의 기원을 기억하는가? 스트레스는 물리학에서 용수철을 압축하는 힘, 즉 응력을 뜻한다. 이 응력에 용수철이 보이는 반응이 저항이다. 누르거나 당긴 뒤에 용수철이 다시 원래 형태로 돌아가면 이때 용수철이 보인 저항이 회복 탄력성이다. 이 부분이 스트레스와 회복 탄력성 사이에 관련이 있다는 첫 번째 징표다.

스트레스 요인이 누군가에게 침입하지 못하고 튕겨 나올 때 심리학에서는 이를 회복 탄력성이라고 부른다. 회복 탄력성이 있는 사람은 경계선을 잘 그을 줄 알고, 저항력이 있으며, 위기 상황을 무사히 이겨낼 수 있다. 원리는 용수철과 같다. 회복 탄력성이 있는 사람은 외부 힘이 작용하더라도 오뚝이처럼 원래 상태로 돌아간다.

비록 일치된 의견은 아니지만, 생물학에도 회복 탄력성이 있다.

일부 생물학자는 개체나 종이 스트레스 요인 속에서도 계속 살아가는 능력을 회복 탄력성으로 본다. 어떤 식물이 가뭄 기간을 이겨내고 생존했다면 이 식물은 회복 탄력성이 있는 것이다. 이 정의가 옳다면 오늘날 지구상 모든 생명체는 회복 탄력성이 있다. 다들 지금껏 스트레스 요인을 이겨내 왔기 때문이다.

'회복 탄력성의 아버지'라 불리는 생태학자로 2019년에 세상을 떠난 크로퍼드 스탠리 홀링은 회복 탄력성이 개별 생명체가 아닌 생태계 차원에서 일어난다고 보았다. 기억을 돕기 위해 다시 정리하면, 생태계는 한 서식지에 있는 모든 생명체 '배우'와 무생물 '소품'의 총합이다. 말하자면 커다란 전체다. 이 커다란 전체가 서로 섬세하게 조정하며 순환한다. 그러므로 생태계가 기능하는 능력은 생태계 상태와 그 안에서 진행되는 과정들에 따라 달라진다.

건강한 숲에 건강한 나무가 있다. 건강한 나무는 건강한 토양에서만 자란다. 건강한 토양에는 미생물이 살고, 미생물은 죽은 동식물을 분해해 다른 생명체를 위한 식량을 생산한다. 복잡한 시계처럼 무수한 톱니바퀴가 맞물려 돌아가고 시곗바늘이 올바른 속도로 움직인다. 모든 것이 정확히 작동할 때 비로소 시계는 정확한 시각을 보여준다. 1973년에 홀링은 생태계가 스트레스 요인 속에서도 계속 기능하는 능력을 회복 탄력성이라고 정의했다. 회복 탄력성이 클수록 생태계는 방해를 잘 이겨내고 생태계 내부의 모든 순환과 구조를 잘 유지한다. 시계에 빗대어 말하면 회복 탄력성이란 열, 압력, 물 같은 외부 영향이 끼어들어도 정확한 시각을 보여주는 시계의 성능을 뜻한다.

○

생태적 회복 탄력성과 기술적 회복 탄력성

'스트레스' 용어와 비슷하게 회복 탄력성도 시간이 흐르면서 여러 의미가 더해졌다. 기술적 회복 탄력성과 생태적 회복 탄력성은 생태계의 서로 다른 속성에서 출발한다.

기술적 회복 탄력성은 방해를 받은 생태계가 얼마나 크게 균형을 잃었는지 보여주는 동시에 생태계가 다시 균형을 찾기까지 걸리는 시간을 나타낸다. 용수철을 상상하면 쉽게 이해할 수 있다. 용수철이 변형되었다가 다시 원래 형태로 돌아가는 데 걸리는 시간이 기술적 회복 탄력성이다.

기술적 회복 탄력성을 지지하는 사람들은 생태계가 항상 한 번에 하나의 균형으로만 되돌아온다고 믿는다. 누르거나 늘리면 언제나 같은 형태로 돌아가는 용수철과 같다. 이 이론은 아마도 자연의 작은 방해에는 들어맞을 법하다. 그러나 화재나 홍수 같은 큰 방해라면 어떨까? 이 점은 용수철도 마찬가지다. 작용하는 힘이 지나치게 크면, 용수철이 심하게 변형되어 다시는 원래 형태로 돌아올 수 없다.

이때 생태적 회복 탄력성이 작동한다. 홀링은 방해에 대처하는 생태계의 반응을 물리학이 아닌 진화생물학 관점에서 설명하자고 제안했다. 방해를 받은 생태계가 꼭 원래 상태로 돌아가야 할 이유가 있을까? 박테리아, 곰팡이, 식물, 동물은 서식지가 끊임없이 변화하더라도 결국 적응한다. 여기서 기능하는 방식, 외모, 심지어 DNA까지 바꾼다. 생태적 회복 탄력성이란 바로 이런 적응력을 말한다. 생태계가 구조와 균형을 바꾸기 전까지 감당할 수 있는 방해의 규모를 보여주는 지표가 생태적 회복 탄력성이다. 홀링은 전체 생태계가 적응하고 진화할 수 있다고 보았다. 개별 유기체처럼 생태계도 방해를 '기억하고' 문제의 스트레스 요인에 더 탄력적으로 대처할 수 있다.

　균형을 유지하는 생태계의 능력이 다르다는 점을 공과 계곡 비유로 설명할 수 있다. 계곡에 공이 놓여 있다. 공은 생태계를 나타낸다. 계곡은 공, 그러니까 생태계가 균형을 조절하기 전까지 감당할 수 있는 스트레스 요인의 규모를 의미한다. 계곡이 깊을수록 생태계는 스스로 상태를 변경하기 전까지 더 많은 방해를 감당할 수 있다. 이때 생물학자들은 이 생태계의 회복 탄력성이 높다고 말한다. 이렇게 회복 탄력성이 높은 생태계는 먹이와 보금자리 같은 자원을 넉넉히 공급한다. 개별 종들이 주고받는 연결도 아주 탄탄해서 쉽사리 끊을 수 없다. 그러나 계곡이 매우 얕으면 공은 힘을 약간만 받아도 굴

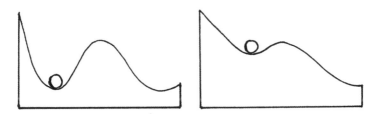

공은 생태계를 나타내고, 계곡은 외부 방해에도 균형을 유지하는 생태계의 능력을 의미한다. 왼쪽: 계곡이 깊을수록 생태계의 회복 탄력성이 높다. 생태계 상태가 바뀌려면 외부 영향이 커야 하기 때문이다. 오른쪽: 계곡이 얕으면 작은 외부 영향에도 생태계 균형이 변할 수 있다. (Scheffer et al. 2012를 참고하여 수정한 그림)

러서 다른 계곡에 멈출 것이다. 스트레스 요인 몇 가지면 벌써 생태계 조건이 달라져서 새로운 균형을 찾아야만 한다.

층층고랭이와 부들 사이

생태적 회복 탄력성이 자연에서 어떤 모습인지를 미국 에버글레이즈국립공원이 보여준다. 에버글레이즈는 플로리다 남부에 있는 거대한 습지다. 아메리카 원주민은 에버글레이즈를 '파헤이오키Pa-hay-okee'라고 불렀는데, '풀의 강'이라는 뜻이다. 실제로 에버글레이즈에서는 강물이 천천히 흐른다. 워낙에 천천히 흘러, 남쪽 멕시코만으로 향하는 강물 흐름을 거의 감지하지 못할 정도다. 이 지역은 여름에 범람하고 겨울에 마른다. 북미에서 유일한 아열대 자연보호 구역이며, 1979년 유네스코 세계문화유산으로 지정되었다.

지난 5000년 동안 에버글레이즈에는 매우 특별한 자연이 발달했다. 이 구역에는 사초과의 층층고랭이Cladium jamaicense가 자라는 늪지대, 습한 초원, 작은 나무가 커 가는 섬이 혼재한다. 이런 혼합의 균형을 유지하는 데는 토양의 영양분이 결정적 역할을 한다. 톱니 모양의 층층고랭이는 영양분이 적은 곳, 특히 인 성분이 적은 토양에서만 자란다.

농부, 목축업자, 사탕수수 재배자들이 에버글레이즈에 정착하면서 이 구역 물을 점점 많이 끌어다 썼다. 동시에 그들이 내보내는 하수가 에버글레이즈로 다시 흘러 들어갔다. 토양에 인 성분이 서서히 증가하면서, 에버글레이즈의 생태적 회복 탄력성이 수십 년 동안 시험대에 올랐다. 게다가 화재, 가뭄, 서리 같은 다른 스트레스 요인이 생태계의 섬세한 조정 과정에 영향을 끼쳤다. 화재가 10~20년에 한 번씩 이 구역을 휩쓸었고, 서리나 가뭄이 20~53년에 한 번씩 발생했다.

1970년대 후반에 농부들은 에버글레이즈 하류 농지의 식물들이 바뀌는 움직임을 알아차렸다. 그동안 층층고랭이가 무성하게 자라고 습한 초원이 대부분이던 곳에 이제는 부들 한 종만 보였다. 부들은 습지에서 빽빽하게 자랄 수 있다. 내 고향 브란덴부르크에서는 부들을 방망이풀이라고 부른다. 다른 지역에서는 대포 청소 솔, 변기 펌프, 황소 거시기라는 별칭을 얻었다. 영어권에서는 '캣테일cattail'이라고도 부르는데, 고양이 꼬리를 떠올리게 해서 그런 모양이다.

수십 년 넘게 토양에 영양분이 특히 많이 축적된 곳에서 에버글레이즈의 생태적 회복 탄력성은 항복을 선언해야 했다. 그곳에서 새로운 균형이 생겨났다. 층층고랭이가 사라지고 부들이 많아졌다. '고양이 꼬리'는 인 성분이 많은 토양에서만 자란다.

사실 부들은 영어로 캣테일이 아니라 랫테일rattail, 그러니까 '쥐꼬리'라고 불러야 걸맞다. 쥐처럼 부들도 자기들끼리 모여 살기 때문이다. 부들이 무성한 곳에는 다른 풀이 자라지 않는다. 굵은 줄기가 빽빽하게 장벽을 이뤄 새들이 둥지를 틀기 어렵다. 연한 층층고랭이는 동물이 통과하기에 훨씬 수월하다. 에버글레이즈 강물에 인과 질소가 증가하면서 녹조 현상이 심해졌다. 녹조 현상은 물의 산소 함량을 줄이고 다른 생명체에 해로운 물질을 방출한다. 한때 에버글레이즈에서 흔하던 여러 종이 현재 멸종 위기 목록에 올랐다.

보호하고 지원하기

나는 책 제목을 '동물과 식물의 회복 탄력성'이라고 붙이지 않도록 출판사에 내 의견을 분명하게 전달했다. 왜냐고? 조사한 뒤로 생태적 회복 탄력성 개념에 확신이 생겼기 때문이다. 회복 탄력성은 개별 생명체가 아닌 전체 생태계에 있다. 생태적 회복 탄력성 원리를 알고 나니 항상성이 떠올랐다. 항상성은 생명체의 최상위 균형이다. 우리 몸의 모든 기관은 몸의 전체 균형을 유지하기 위해 일한다.

건강한 생태세에서는 흙, 공기, 물과 상호작용하며 균형을 유지하는 모든 생명체가 바로 이런 기관이다. 생태적 회복 탄력성이 클수록 생태계는 마침내 균형이 깨지기 전까지 더 많은 스트레스 요인을 견뎌낼 수 있다. 기관들이 생태계의 손상을 신속하게 복구하기에 모든 것이 평소처럼 작동할 수 있다. 스트레스 요인이 생태계의 생태적 회복 탄력성을 넘어서면, 공은 구르기 시작해 새로운 계곡에 가서 멈춘다. 메탈 클럽이 입은 수해도 여기에 완벽하게 들어맞는다. 벽, 바닥, 음악 시설이 무사히 남아나기에는 수해가 엄청났다. 다시 제대로 영업하려면 이 클럽은 새로운 상태로 리모델링을 해야 했다. 클럽에 새로운 인테리어와 음악 시설이 있다면, 생태계에는 에버글레이즈의 부들처럼 새로운 종과 먹이사슬이 있다.

여기서 문제가 있다면, 생태계의 이런 새로운 균형을 우리 인간이 종종 좋아하지 않는다는 점이다. 우리는 메마른 늪지를 다시 적시고, 곧게 뻗은 강을 다시 구불구불하게 만들려고 한다. 왜 그럴까? 이런 새로운 상태에서는 생태계가 대개 예전과 달리 종이 풍부하지도 않고 생산적이지도 않다는 걸 알기 때문이다. 박테리아, 곰팡이, 식물, 동물 사이에 이런저런 상호작용이 없으면 인간 삶의 기반도 위험하다는 사실을 깨닫는 순간, 우리는 패닉에 빠진다. 꽃가루를 옮겨줄 중매쟁이가 없다면 미래에 우리 식량은 어디서 온단 말인가? 모든 숲이 병들면 신선한 공기는 어디서 나오고?

그러나 앞에 놓인 상황에서, 이제는 옛날 상태의 회복 탄력성이 발현되지 않기 때문에 생태계의 새로운 상태가 나타났다. 기온이 상승하고 외래종이 유입되고 살충제를 사용하면 우리 생태계에 강력한 영향을 끼친다. 스트레스 요인이 지나치게 많아서 강의 회복 탄력성을 초과하면 어떤 일이 발생하는지를 2022년 8월에 폴란드와 독일쪽 오데르 강변에서 목격할 수 있었다. 하룻밤 새 수많은 물고기, 조개류, 달팽이가 죽어서 물 위에 둥둥 떠다녔다. 베를린 담수생태및내륙수산연구소의 보도자료를 보면, 기수°에 서식하는 독성 바닷말인 프림네시움 파르붐Prymnesium parvum의 확산이 대량 사망의 주요 원인

° 해수와 담수가 섞여 염분이 적은 물

이었다. 이런 바닷말은 물의 염분 함량이 갑자기 증가하면 금방 증식할 수 있다. 산업 배수로 다량의 소금물이 오데르강에 유입되어 물의 염분 함량이 증가했다. 이 지역에서 유례를 찾아볼 수 없는 대규모 생태 재앙이었다. 8월 이후 강은 아주 천천히 회복하고 있다. 전문가들은 어류 자원이 재생되기까지 수년이 걸릴 것으로 추정한다.

하지만 염분 함량 상승은 새 발의 피다. 댐 건설, 영양분이 풍부한 하수 배출, 수온 상승, 가물어 낮아진 수위. 이 모든 요인이 이미 오래전부터 '오데르' 생태계에 큰 부담을 주었다. 이 모든 요인이 합쳐져서 기수의 독성 바닷말이 순식간에 확산할 배양토가 마련되었다. 게다가 이런 요인들 말고도 또 어떤 이물질이 강에 유입되었는지 누가 알겠는가. 외부 영향이 거세면 회복 탄력성이 강한 생태계조차 언젠가는 균형을 잃고 새로운 상태로 바뀐다. 하물며 이 새로운 상태가 복원 시도에 격렬히 반항할 수 있다. 말하자면, 공이 예전 계곡으로 돌아가려면 굴러 내려온 산 전체를 다시 거슬러 올라야 한다. 그러려면 시간과 에너지가 필요하다.

에버글레이즈에 필요한 시간과 에너지는 두 숫자로 표현할 수 있다. 30년과 78억 달러. 30년에 걸친 78억 달러 규모의 복원 프로젝트가 2000년부터 에버글레이즈의 생태적 회복 탄력성을 지원한다. 하지만 공이 구르기 시작해서 우리가 원하는 곳에 안착할 때까지 노력이 얼마나 많이 들지 정말로 예측할 수 있을까?

내 생각에는 생태계의 복잡한 상호작용이 세부적으로 어떻게 반응할지 예측하기란 사실상 불가능하다. 생태계가 스트레스 요인에 대처하는 반응도 복원 시도에 보이는 반응도 예측할 수 없다. 공과 계곡 비유는 우리가 회복 탄력성을 이해하는 데 도움이 될 순 있겠으나 지나치게 단순화한 도식일 뿐이다. 생태계가 안정된 균형에서 다음 균형으로 곧장 '굴러가지' 않을 확률이 매우 높다. 호수, 숲, 초원은 새로운 균형 상태로 가는 도중에 다양한 중간 단계를 거칠 수 있다. 그러므로 긴 안목으로 진행하는 복원 시도는 생태계의 더 큰 맥락을 고려할 때만 열매를 맺을 터다. 종의 다양성은 물론이고 종 사이 연결도 중요하다. 회복 탄력성은 결국 복잡한 시계처럼 작동하기 때문이다. 시계가 제대로 작동하려면 서로 연결된 가장 작은 부품까지 모두 중요하다.

그래서 우리가 원치 않는 계곡으로 공이 굴러갈 때까지 그냥 기다리고만 있어서는 안 된다. 생태학자들은 아직 남은 원시림, 늪지, 모래톱을 보호해야 한다고 끊임없이 정치인들에게 촉구한다. 여기서 보호한다는 말은 종 사이에 일어나는 수많은 상호작용을 보존하거나 더 좋게 강화한다는 의미다. 에버글레이즈 사례에서 정부는 이 생태계에 영양분 없는 토양이 가장 중요한 전제 조건임을 미리 파악해서 그 조건을 보존했어야 한다.

커다란 전체의 회복 탄력성을 지원하라

내가 보기에는 모든 인간이 생태계의 한 부분이고 생태계의 회복 탄력성을 지원한다. 인간은 커다란 전체에서 작지만 중요한 톱니

○

바퀴다. 우리는 우리 수행 능력과 적합성을 관리해야 한다. 살기에 올바른 장소만 찾는다고 관리가 아니다. 충분히 자고, 건강하게 먹고, 물 많이 마시기. 건강할수록 우리는 외부 방해에 더 굳건하게 반응한다. 아울러 우리가 사는 사회의 회복 탄력성도 강화한다.

나에게 고약하게 굴며 투덜대는 사람을 만날 때면 언제나 이 사실을 상기한다. 나는 실제로 불쾌감이 나를 향해 밀려오는 것을 느낀다. 프랑크푸르트에서는 균형을 잃은 상태였기에 종종 불쾌감이 내게 영향을 끼치도록 그냥 내버려 두었다. 그러나 결국 배우와 소품 사이에 일어나는 모든 상호작용의 합이 생태계 구조를 유지하게 돕는다. 더구나 모두가 불쾌하다면 사회의 회복 탄력성도 커지지 못한다.

공학 기술을 이용해 생태계의 회복 탄력성을 강화할 수는 없을까? 커다란 전체에서 우리가 어떤 역할을 맡을지는 각자의 결정에 달렸다. 당신은 자신의 행복을 책임질 수 있고, 그것으로 공동 생태계의 회복 탄력성도 지원할 수 있다. 아니면 반대로 자기 문제의 책임을 다른 사람에게 돌리고 그것으로 사회에 에너지를 주는 대신 **빼앗기도 한다. 당신 손에 달렸다.**

5장

매일매일이
기회가 되는 삶

마음의 소리에 귀를 기울일 것

"자연은 결코 우리를 속이지 않는다. 우리 자신을 속이는 것은 언제나
우리 자신이다."

– 장 자크 루소

이 책을 구상하기 전까지 나는 우리가 스트레스에 관해 모든 걸 알고
있다고 생각했다. 2022년 현재에 이르러 분명히 말하는데, 이는 순
전히 잘못된 생각이었다! 그뿐이 아니다. 무엇이 스트레스고 아닌지
를 둘러싼 의견도 수없이 많다. 대부분 연구는 실험실에서 설계되었
고, 자유로운 야생에는 결코 있을 수 없는 조건에서 진행되었다.

　이 책을 위한 자료 조사를 끝내고 토끼굴에서 다시 나왔을 때,

스트레스를 대하는 내 태도는 싹 바뀌었다. 내가 스트레스를 다루는 자기계발서와 세미나, 수련에서 답을 찾으려고 애쓰는 동안에도 사실 해결책은 늘 내 코앞에 있었다. 도시토끼는 스트레스를 바라보는 새로운 시각을 내게 알려주었다. 스트레스는 현대의 발명품이 아니라 언제나 삶의 일부였다. 일찌감치 고대 그리스인들이 환경에 대처하는 인간의 반응에 관심을 기울였다. 그들이 보기에 스트레스는 질병의 형태로 등장했고, 스트레스의 임무는 건강한 균형을 회복하는 일이었다. 진화생물학 관점에서도 모든 스트레스 반응의 목표는 단하나다. 삶을 최고 적합성으로 되돌려놓기! 마지막 5장에서는 이 놀라운 힘을 자신을 위해 쓰는 방법을 다룬다.

빙산의 일각

질병이 뭔가 좋은 것일 수 있고 삶의 일부라는 생각은 셀리에의 연구 이후 사라졌다. 20세기에 특히 셀리에의 웅얼거리는 영어 발음 때문에 스트레스가 스트레스를 유발하고 위궤양의 원인이며 장기적으로 사망에 이르게 한다는 가정이 널리 퍼졌다. 셀리에가 발표한 경고-저항-소진 3단계의 일반적응증후군은 오늘날까지도 논란의 여지가 있다. 그의 정의가 지나치게 단순하다고 지적하는 사람이 많다. 새로운 연구 결과를 보면, 스트레스 요인은 신체에서 매우 다양한 반응을 일으킨다. 스트레스 요인마다 아주 고유한 신경화학적 특징이 있다.

우리 뇌는 서로 명확히 구분되는 범주로 나눠 생각하기를 좋아한다. 우리는 단어로 소통하기 때문에 이런 구분이 필요하다. 단어가 우리에게 유용하려면 단어의 의미가 명확해야 한다. 그래서 우리 언어는 세상을 범주로 나누고, 실제로는 범주가 없는 곳에도 명확한 경계선을 긋는다. 스트레스가 그 예다. 사회학에서 말하는 스트레스는 사회적 불균형이다. 공학에서는 물질에 저항을 일으키는 외부 힘이다. 생리학에서는 동물이 특정 호르몬을 분비하는 상태다.

스트레스 호르몬 분비와 스트레스를 하나로 보는 시각은 언뜻 타당하게 들린다. 그러나 코르티솔 같은 스트레스 호르몬이 도주 또는 투쟁 반응 때는 물론 매일의 리듬에 맞춰서도 분비된다는 사실을 연구자들이 발견하기 전까지만 그러했다.

적합성이 떨어지면 스트레스가 생긴다는 시각조차 그저 생각의 틀일 뿐이다. 어떤 적합성 상태가 한 생명체에 '정상'이고, 언제부터 스트레스 반응이 필요한지는 아무도 모른다. 항상성과 비슷하게 적합성 측면에서도 생명체가 늘 스트레스 속에 있다고 주장할 수 있으리라. 어차피 현실은 박테리아, 곰팡이, 식물, 동물이 최고 적합성에 도달할 정도로 완벽하지 않다. 유기체는 어떤 환경요인을 삶의 일부이자 일상의 혼돈으로 수긍할까? 언제부터 생물 또는 비생물 환경요인이 스트레스 요인이 될까? 모든 생명체는 체내와 주변 환경에서 일어나는 모든 과정의 총합이다. 내 생각에는 수십 억에 달하는 모든 과정을 간단한 공식과 용어로 표현하기란 불가능하다. 결국 스트레스 반응을 일으키는 현상은 관계와 관점의 문제이기 때문이다. 야생

○

토끼한테는 도시가 낙원일 수 있지만, 눈표범은 도시에서 금세 낙오될 것이다. 스트레스 세계는 빙산이고 우리는 현재 그 끄트머리만 겨우 긁고 있다.

감정을 믿어라

스트레스를 바라보는 이런 시각은 아직 대중화되지 않았다. 산업, 정치, 사회에서는 여전히 스트레스를 둘러싼 잘못된 가정, 즉 오해에서 비롯되었고 과학보다는 동화에 가까운 가정에 기대어 결정을 내린다. 만족할 만한 스트레스 정의를 끝내 찾지 못한 과학자들은 차라리 이 용어가 그냥 사라지기를 바라는 듯하다.

돌이켜보면 나는 프랑크푸르트에서 지내는 동안 중요한 것을 많이 배웠다. 그러나 단 한 가지가 내 삶을 뿌리째 바꿔놓았다. 바로 **스트레스는 적이 아닌 친구**라는 깨달음이다. 스트레스에 맞서 싸우는 대신 나는 이제 진화생물학 관점에서 스트레스를 바라본다. 그러니까 스트레스는 내 적합성이 서서히 바닥으로 가라앉고 있다는 신호다. 감정 또한 이런 신호에 포함된다. 외부에서 뭔가 맞지 않으면 내부에서 그것을 감지할 수 있다. 삶의 비용 – 효용 계산도 최적으로 산출해내지 못한다. 적합성 위기를 감지하려면 감정과 정서를 포함한 유기체 전체를 알아야 한다. 살기에 가장 좋은 장소를 순전히 논리적으로 결정한다면 이 세상의 복잡성을 제대로 다루지 못할 것이다. 여러 도시 사이에는 느낌으로만 알 수 있는 명확한 차이가 있다. 이런 느낌이 당신에게 정말로 올바른 장소에 와 있는지 알려주는 지표 역할을 한다. 당신이 받는 느낌은 착각이 아니다!

이런 깨달음을 안고 과거로 돌아간다면, 나는 내 팔을 잡고 말할 것이다. "네 감정에 귀를 기울여봐. 여기서 잘 지내지 못하는 것 같으면 어서 이곳을 떠나. 그 어떤 박사학위도 건강을 해칠 만큼 가치 있진 않아!"

프랑크푸르트 생활이 그렇게 힘겨워진 이유는 내가 내 상황을 심각하게 여기지 않았기 때문임을 이제 분명히 안다. 프랑크푸르트가 나에게 적합한 장소가 아니라고 느꼈지만, 그런 감정을 인정하도록 허용하지 않았다. 나는 최선을 다해 용감하게 그 상황을 견뎠다. 그러는 동안 내 적합성 계좌는 점점 비어 갔다. 프랑크푸르트가 나에게 적합하지 않다는 사실을 인정하려면 그 결과도 감수해야 했다. 나는 그것이 두려웠다. 프랑크푸르트에서 버티는 일 말고 내가 뭘 해야 하는지 알지 못했다. 그러나 삶의 다양성이 보여주듯이, 언제나 수많은 선택 사항이 있다. **삶은 매 순간 새롭게 변하고, 결코 가만히 머물지 않는다. 스트레스는 뭔가를 바꾸라는 신호다. 이런 변화가 불편하게 느껴지는 바로 그때가 바꿔야 할 순간이다. 우리가 스트레스를 받고 있고 뭔가 적합하지 않다는 느낌을 솔직하게 인정할 때만 바꿀 수 있다.**

자신에게 솔직하라

솔직함 얘기가 나와서 말인데, 미국 심리학자 브래드 블랜턴은『급진적 솔직함Radical Honesty』에서 스트레스가 반드시 환경에서 오지는 않는다고 썼다. 스트레스는 우리가 우리 자신에게 거짓말을 하기 때문에 생긴다! 이런 거짓말은 우리를 기진맥진하게 만들어 적합성을 떨어트리고 스트레스를 유발한다. "친구, 파트너, 가족, 상사에게 우리가 무엇을 하고 느끼고 생각하는지 솔직하게 말하지 않으면, 우리는 스스로 만든 마음의 감옥에 갇히게 된다. 거기서 나올 방법은 솔직하게 진실을 말하는 것이다." 블랜턴은 자신의 책에서 이렇게 단호하게 말했다.

하와이어 **포노**Pono도 스트레스와 솔직함의 밀접한 연관성을 보여준다. 포노는 비록 상황을 불편하게 만들더라도 정직하게 처신하는 삶을 의미한다. 그러니까 자신과 타인 앞에서 솔직함을 뜻한다. 포노(정직)가 스트레스의 그리스어 선신인 포노스Ponos와 매우 흡사하다니 신기하지 않은가?

그래서 내 스트레스 역시 프랑크푸르트가 내게 올바른 장소가 아니라는 점을 솔직하게 인정했을 때 비로소 사라졌다. 내 감정을 믿고 나 자신에게 솔직해진 덕분에 나는 내게 맞는 장소로 찾아갔고, 내게 맞는 직업도 찾아냈다. 박사과정을 마쳤을 때 학자의 삶에 미련이 남아 1년 더 포츠담대학교에서 박사 후 연구원으로 일하다가 1년 뒤에 그만뒀다. 내가 번아웃을 향해 돌진하고 있었기 때문이다. 처음부터 나 자신에게 솔직했더라면 그 역시 피할 수 있었을 상황이다. 그러나 다시 똑같은 실수를 저질렀고 감정의 소리에 귀 기울이지 않았다. 프랑크푸르트에서 몇 년 동안은 본능적으로 이미 알고 있던 사실을 무시하는 데 성공했다. 그러나 나는 보조금을 신청하고 매년 수많은 출판물을 내기 위해 연구실에 몇 시간씩 웅크리고 있는 고전적인 학자 타입이 아니었다. 그러므로 프랑크푸르트는 내게 잘못된 서식지였고, 직업도 마찬가지였다. 자고새가 도시에 와서 너구리인 척하는 꼴이었다. 나를 억지로 바꾸려 한다면 실패할 수밖에 없다.

나는 지금도 여전히 생물학자로 일하지만, 이제는 학술계의 좁은 강당에 나를 욱여넣지 않는다. 관심 있는 주제를 다루어 책을 쓴다. 흥미로운 연구 프로젝트가 있으면 다른 과학자들과 함께 일하기도 한다. 그리고 생물학자로서 자연을 위해 뭔가를 한다. 잠재의식 속에서 내 예상보다 훨씬 많은 일이 일어나고 있다는 사실을 지금은 명확히 안다. 나는 이제 어디에서 편안함을 느끼는지 세심하게 살피고, 나와 질 맞는 곳이라 느껴지는 곳에서만 많은 시간을 보낸다. 직장뿐 아니라 집에서도 마찬가지다.

불면증과 여타 스트레스 반응하고 싸우기 위해 약을 먹기보다는 진짜 원인을 알아내는 편이 좋다. 주변 환경에 당신이 보이는 반응은 실제다. 그 반응은 당신을 올바른 직업, 올바른 거주지나 파트너로 안내하는 길잡이다. 생각해보면, 다양한 상황에서 자신의 적합성을 관찰하는 일이 적합한 시점에 적합한 삶을 선택하는 열쇠다. 3년이 흘러 강을 떠날 시점이 되었다는 걸 아는 헝가리 티서강의 하루살이처럼 말이다. 아울러 다음과 같은 질문의 해답을 알고 싶다면 '급진적 솔직함'도 필요하다. 어떤 상황이 내 수행 능력을 떨어트릴까? 출퇴근일까, 아니면 수많은 무급 야근일까? 관찰자 모드에서 당신은 자아와 당신의 적합성에 관해 더 많은 것을 알아낼 뿐만 아니라, 점차 결론을 내리고 적합성을 다시 높일 만한 서식지를 찾을 수 있다. 심지어 당신만의 서식지를 만들고 비버나 야생토끼처럼 생태 공학자가 될 수도 있다. **우리 안에는 생각보다 풍부한 창의성과 해결책 지향성이 있다.**

용량이 독을 만든다

"건강에 매우 도움이 되기에, 나는 행복하기로 결정했다."
  – 볼테르

2017년 10월에 나는 디펜스, 그러니까 논문 심사 과정을 통과해서 공식적으로 박사학위 논문을 끝냈다. 그러기 위해 다시 한 번 프랑크푸르트로, 여러 해 동안 불행했던 곳으로 가야만 했다. 마치 약속이라도 한 듯이, 디펜스가 있기 며칠 전에 「프랑크푸르터 룬트샤우 Frankfurter Rundschau」에서 이런 헤드라인을 보도했다. "사라진 토끼의 수수께끼". 홀츠하우젠공원 인근 주민들은 그 많던 토끼가 삽시간에 흔적도 없이 사라진 사실을 알아차렸다. 홀츠하우젠공원은 도심 한복판에 있는데, 내가 연구했던 몇몇 녹지 바로 옆에 있었다. 곧 있을 공원 개축을 위해 프랑크푸르트시가 토끼들을 죽였다는 소문이 돌았다.

"우리는 토끼를 제거하지 않았습니다." 「프랑크푸르터 룬트샤우」의 질문에 녹지관리국 부국장 하이케 아펠이 답변하며 이렇게 덧붙였다. "성벽 일대에도 겨우 몇 마리만 남았습니다. 토끼 개체 수는 대략 7년 주기로 변합니다." 관리국은 동물 매개 전염병이 발생했을 때만 개입한다. 홀츠하우젠공원의 토끼들은 전염병에 걸린 적이 없다.

「프랑크푸르터 룬트샤우」의 기사 내용도 논문 심사에서 설명해야 할 주제였다. 이 사건을 어떻게 생각하느냐고 심사 위원회가 내게 물었다. 당연히 이런 질문을 받을 줄 예상했다. 베를린에 있었더라도 그런 중요한 헤드라인을 못 보고 지나칠 수가 없었다. 몇 주 동안 디펜스를 준비하면서 내내 속으로 물었다. **토끼들이 프랑크푸르트에서 갑자기 흔적도 없이 사라진 이유가 뭘까?**

변종 전염병이 퍼지다

전문가로 신문기자와 인터뷰를 한 악셀 자이데만에게 전화를 걸었다. 그는 여전히 프랑크푸르트의 야생토끼 개체 수 조절을 담당하고 있었다. 그 때문에 홀츠하우젠공원에서 토끼가 사라진 일과 자신은 아무런 관련이 없다고 신문에 분명히 밝혔다. "중국 전염병이라고도 알려진 RHD2 확산 때와 아주 흡사합니다." 그는 「프랑크푸르터 알게마이네 차이퉁」에 이렇게 말했다.

RHD2는 토끼출혈병Rabbit Haemorrhagic Disease의 변종2를 줄인 말

이다. 이 새로운 변종은 2010년 프랑스에서 처음 등장했고 'RHDV2' 바이러스로 발생한다. RHDV2는 프랑스에서 독일로 퍼졌다. 야생 토끼가 일단 이 바이러스에 감염되면 치료 가능성이 없다. 1~3일 잠복기를 거치고 나서 대부분 48시간 안에 고통스러운 죽음을 맞이한다. 그러나 정말로 RHD2 때문에 홀츠하우젠공원에서 야생토끼가 모두 사라진 걸까? 예전에 다른 공원에서 첫 번째 변종이 발생했을 때는 죽은 동물이 곳곳에 누워 있었다. 하지만 홀츠하우젠공원에서는 야생토끼가 흔적도 없이 사라졌다. 여우, 너구리, 까마귀 같은 다른 포식자가 시체를 가져갔을까? RHD2 때문이 아닌 걸까? 헤센주 수의사회에 문의했더니, 프랑크푸르트에는 RHD2 사례가 보고된 적이 없다고 했다.

　홀츠하우젠공원 토끼 실종 사건은 말끔히 해명되지 못했다. 그래서 나 또한 논문 심사에서 다양한 스트레스 요인 탓에 토끼가 사라졌을 거라고 대답했다. 논문 심사가 끝난 뒤로도 홀츠하우젠공원 야생토끼의 운명은 나를 놓아주지 않았다. 내가 예전에 연구한 동물들도 불가사의하게 실종되었을까? 프랑크푸르트에 며칠 더 머물면서 귀가 긴 나의 옛 친구들을 찾으려고 녹지를 수색했지만 헛된 일이었다. 48마리가 살았던 오페라하우스 앞에는 이제 단 한 마리도 보이지 않았다. 몇몇 포식자가 그사이 토끼를 쫓아냈을까? 맹금류들이 근거리 사냥법을 익혔을 수 있다. 순진한 도시토끼는 주변 환경이 안전하다고 배웠기에 공중 공격을 아마 뒤늦게 알아차렸을 것이다. 지금껏 줄곧 그들은 적을 경계할 이유가 없었다. 설령 적을 일찍 발견하더라도 도시토끼네 집은 경보 장치를 갖추지 않았다. 여기에는 출입구가 여럿인 시골의 커다란 토끼굴보다 안전장치가 훨씬 적었다. 확신이 서지 않았다. 야생토끼가 정말로 맹금류에게 잡아먹혔을까? 토끼가 사라진 이유가 그 때문일까?

나는 현장에서 악셀 자이데만을 만나 이 상황을 논의했다. 그는 지난 2년 동안 도시토끼 개체 수가 급격히 감소했다고 내게 확인해주었다. 그가 관찰해보니, 도시토끼가 예전보다 천적의 공격을 더 많이 받았다는 징후는 하나도 없었다. 게다가 턱없이 급격하게 감소했다. 여우나 맹금류 몇 마리 더 늘어났다고 토끼가 실종한 이유는 될 수 없었다. 나는 만족스러운 답변을 얻지 못한 채 다시 베를린으로 돌아왔다.

논문 심사가 끝나고 몇 달 후에 캐나다 영화 팀이 프랑크푸르트의 도시토끼에 관한 탐사 보도를 제작하고 싶다고 전화를 걸어 왔다. 수전 플레밍 감독과 카메라맨 조쉬와 함께 나는 예전에 야생토끼가 수두룩했던 곳을 전부 방문했다. 그런데 시내에 있는 토끼굴을 찾아갔다가 그만 아주 충격적인 장면을 목격했다. 한때 토끼네 호화로운 주택단지였던 곳이 폐허로 남아 있었다. 게다가 한 토끼굴에는 태어난 지 겨우 몇 주밖에 안 된 새끼토끼가 죽은 채 누워 있었다.

범인은 조경사였다! 비록 고의적 살해라는 증거는 많지 않았지만, 녹지관리국이 무고한 프랑크푸르트 거주자의 집을 무단 침입했다고 비난할 근거는 충분했다. 공원 가장자리 둔덕들이 헐렸고 훤히 드러난 토끼굴은 모래로 채워졌다. 그렇게 가차 없이 개입할 수 있는

○

사람은 야생토끼를 오랫동안 눈엣가시로 여겼던 녹지관리국 직원들뿐이다.

물론 동물이 밀집해 사는 곳에서는 자원을 두고 경쟁하고 질병에 감염될 확률이 높아진다. 그러나 그 정도쯤이야 야생토끼들이 충분히 이겨낼 수 있었을 터다. 점액종 같은 질병으로 매년 개체 수가 감소하는 사태는 야생토끼들 사이에서 흔히 있는 일이다. 훨씬 더 치명적인 RHD 질병에 대처하는 토끼들의 저항성이 커지고 있다는 보고도 있다. 그러나 모든 토끼에게 필요한 건 충분한 먹이와 안전한 굴이다. 내 생각에는 이 두 가지 조건이 한때 프랑크푸르트에서 토끼가 번성했던 이유다. 둔덕이 사라지고 토끼굴이 모래로 메워지면서, 토끼들은 삶의 토대를 빼앗겼다. 결국 이 모든 스트레스 요인이 합쳐져서 프랑크푸르트 토끼의 목을 비틀었을 터다.

우리를 죽이지 못하는 것은

촬영하는 동안 알게 된 사실인데, 더 큰 공원에서는 여전히 몇몇 토끼가 제각기 새벽과 저녁 어스름에 굴 앞에서 풀을 뜯었다. 이 장면을 보고 나는 놀라지 않았다. 왜냐고? 이 '교외' 야생토끼는 여러 스트레스 요인에 적당히 노출되었다. 도심과 시골에 비하면 이곳은 인간의 방해가 별로 심하지 않았다. 도심에서는 인간의 방해가 1헥타르에서 1분에 평균 1.7회 발생했다. 교외 공원에서는 1헥타르에서 1분에 평균 0.14회 발생했다. 아울러 이 공원 토끼들은 다른 연구 지역과 달리 포식자의 압력에 적당히 노출되었다. 레브슈톡파크 같은 프랑크푸르트 교외 큰 공원에는 시골만큼 여우와 맹금류가 많지 않지만 도심보다는 훨씬 많다. 이렇게 방해와 위협이 '중간 정도'이기에, 교외 공원 야생토끼는 도심 동료들보다 경계심이 더 강했다. 그래서 인간을 경계했고, 중간 정도 도주 거리를 보였다.

아무튼, 교외 공원 야생토끼들은 모든 것이 '중간 정도'였다. 출입구가 평균 17개고 굴의 크기도 중간 정도였다. 이 굴에서 평균 다섯 마리가 함께 살았다. 공격이 잦더라도 포식자를 방어하기에 좋은 숫자다. 비교를 위해 덧붙이면, 도심 토끼굴에는 출입구가 평균 일곱 개뿐이고 평균 세 마리가 함께 살았다. 시골과 도심에 비하면 교외는 개체군 밀도도 '중간 정도'였다. 그래서 병원체가 확산할 위험도 낮았다.

호르메시스Hormesis라는 용어가 있는데, 적당히 사용하면 독도 이롭다는 뜻이다. 스트레스 요인이 적당히 있으면 생명체는 이 스트레스 요인에 '워밍업' 할 기회를 얻는다. 초파리나 생쥐 같은 실험동물은 방사선이나 중금속이나 천연 독소에 소량 노출되고 나면 더 나은 적합성을 보이고, 더 오래 살며 더 자주 번식했다. 엑스레이조차 적당량이면 어리쌀도둑거저리, 메뚜기, 모기 같은 곤충의 수명을 늘려주는 묘약이다. 소량의 엑스레이는 어리쌀도둑거저리Tribolium confusum의 세포를 성장시키고 면역력을 강화한다. 하지만 과량이면 돌연변이와 불임으로 이어진다.

그래서 호르메시스는 유기체가 도전에 직면하지 않으면 바뀌지 않는다는 사실을 의미하기도 한다. 게다가 항상 보호만 받은 면역 체계는 막상 위기가 닥쳤을 때 아무것도 할 줄 모른다. 유기체는 도전을 받으면 이를 계기로 성장할 수 있다. 그리스 철학자 에피쿠로스는 정서적 스트레스 요인과 직면할 때 삶의 질이 향상될 수 있다는 점을 이미 알았다. 다시 말해, 우리가 감정을 진지하게 받아들이고 내면의 욕구를 충족할 때마다 삶의 질이 향상된다. 호르메시스는 프리드리히 빌헬름 니체의 말, "나를 죽이지 못하는 것은 나를 더욱 강하게 만든다"를 축약한 용어 같다.

"단련된 자만이 낙원에 들어갈 수 있다"는 격언도 같은 맥락이다. 이런 격언이 옳다면 스트레스는 우리를 더욱 강하게 만들 수 있다. 그러면 어느 정도라야 스트레스가 우리에게 도움이 될까? 매일 1만 보를 걷기 위해 새벽 5시에 일어나기? 자신과 맞지 않는 도시에 6년간 머물기? 핵심은 단련시키기와 죽이기 사이에서 적정 수준을 찾는 데 있다. 이 적정 수준은 생명체마다 다르다.

삶의 의미

1971년 이스라엘 의학사회학자 애런 안토노프스키는 스트레스가 완경기 여성에게 끼치는 영향을 연구했다. 그의 사례연구에는 홀로코스트 피해자였던 이스라엘 여성이 다수 포함되었다. 안토노프스키는 한스 셀리에의 스트레스 연구를 잘 알고 있었기에 강제수용소 트라우마를 지닌 여성이라면 모두 특히 심각한 건강 장애를 보일 거라고 확신했다. 이 여성들이 평생 트라우마와 만성 스트레스에 시달리리라 추측했기 때문이다. 그러나 연구는 예상치 못한 결과를 보여주었다. 홀로코스트 피해자 여성 중 다수가 아주 건강하게 만족스러운 삶을 살았다! 안토노프스키 자신도 이 결과에 놀라 혼자 중얼거렸다고 한다. "도대체 어떻게 이런 일이 가능하지?"

그는 질병과 스트레스가 어디에나 다 있다고 결론지었다. 이 두 가지는 삶의 일부가 아니라 삶의 기본 상태다. 더욱 흥미로운 질문은 이 모든 요인 속에서 생명체가 어떻게 살아남느냐는 거다. 안토노프스키의 대답은 **살루토게네제**Salutogenese 모델이다. 살루토게네제는 건강을 기원한다는 뜻의 라틴어로, 건강을 지원하는 모든 요소를 나타낸다. 그러나 100퍼센트 건강과 100퍼센트 질병 사이에는 수많은 중간단계가 있다. 안토노프스키에 따르면, 모든 사람은 이 저울에 자신을 올려놓고 얼마나 건강한지 또는 얼마나 아픈지 가늠해볼 수 있다. 또한 우리는 저울추를 건강 혹은 질병 쪽으로 움직일 기회가 있다. 우리가 스트레스 요인에 성공적으로 대처해서 그 상황에 더 강해질 수 있다면, 우리는 100퍼센트 건강 쪽에 조금 더 가까워진다. 긴장해소에 성공하지 못하면 스트레스가 증가하고 저울추가 질병 쪽으로 이동한다. 이런 관점에서 보면 모든 도전은 성장할 기회이기도 하다. 안토노프스키는 일관된 감정이 건강에 중요한 역할을 한다고 보고, 일관성을 지키는 네 도움이 되는 세 가지 생각을 제시했다.

1. 삶을 이해할 수 있고, 삶의 구조가 명확하다.

○

2. 삶의 요구와 부담에 명확히 대처할 수 있다는 자신감이 있다.

3. 삶이 의미 있어 보이고, 삶의 요구에 에너지를 투자할 가치가
   있어 보인다.

이 세 가지는 내게 큰 의미로 다가왔다. 프랑크푸르트에 머물던
시절에는 내게 벌어진 일을 이해하지 못했다. 스트레스, 도시 고유의
논리, 정서에 관해 알고 나서야 내 반응을 분류하고 구조화할 수 있
었다. 지금 무슨 일이 일어나고 있는지 이해하면 더 나은 결정을 내
릴 수 있다. 현재 상황과 목표 상태를 비교해서 삶을 재정비할 수 있
다. 그러려면 앨리스처럼 이상한 나라를 헤매지 말고 인생 목표가 무
엇인지 알고 있어야 한다. 무엇을 원하고 어디로 가고 싶은지 알아야
한다.

우리가 무엇을 원하는지 아는 자세는 전 지구적 문제를 해결하
는 도구이기도 하다. 또는 예술가 요제프 보이스가 멋지게 표현했다
시피 "우리가 원하는 미래를 만들어내야 한다. 그러지 않으면 우리가
원치 않는 미래가 올 것이다." 우리가 내리는 모든 결정은 우리 서식
지에도 영향을 끼친다. 우리가 자연 생태계에 개입하면 스트레스 요
인이 쥐 떼처럼 끝없이 몰려든다. 스트레스 요인은 그 자체로 이미
썩 나쁘지만, 여럿이 조합되면 금세 수많은 생명체에 치명적일 수 있
다. 우리 행동이 다른 생명체에 어떤 영향을 끼치는지는 특히 도시에
서 확연히 목격할 수 있다. 도시만큼 인간이 자연의 순환에 깊이 개
입하는 곳도 없다. 그토록 많은 스트레스 요인에 곧바로 대처할 수

없는 종은 장기간 고통을 겪는다. 서식지 요구 조건이 아주 특별하고 환경요인의 허용범위가 무척 좁은 동식물이 이런 종에 속한다. 이런 '협서식지' 종은 토양에 특정 분량의 수분, 산소, 염분이 필요하거나 특정 식량에 의존한다. 그래서 협서식지 종 중에는 깨끗한 공기가 필요한 송라Usnea spp. 또는 겁이 무척 많은 자고새 같은 '도시 기피자'가 많다. 깨끗한 서식지가 점점 줄어드는 세상에서 그들은 불리한 위치에 있다. 그리고 서식지가 일단 변화하면 에너지 측면에서 경제성이 떨어지고, 그만큼 저절로 예전 상태로 돌아갈 가능성이 거의 없다. 커피에 우유를 섞으려면 작은 손동작 한 번으로 충분하다. 그러나 커피에서 우유를 분리해내려고 하면 이소룡의 무술 권법으로도 안 된다. 우리 인간의 행동이 어떤 결과를 불러오는지 인식하는 일이 더욱 중요하다. 인간은 가장 강력한 생태공하자고, 조화로운 공존을 위한 도구가 인간 손에 있다.

그렇다면 우리는 어떤 미래를 원할까? 나는 자신이 커다란 전체의 일부분임을 모두가 인식하는 미래를 소망한다. 우리 인간이 이 지구상 모든 생명체와 함께 살아가며 한 가족임을 깨닫는 미래. 우리 세포는 다른 생명체와 똑같은 기본 반응을 일으킨다. 우리는 깨끗한 물, 맑은 공기, 건강한 토양처럼 똑같은 자원에 의존한다. 이 지식을 토대로 우리는 매일 의식적으로 삶을 설계할 수 있다. 이 작업은 우리 서식지와 많은 동식물 이웃을 알아 가는 데서 시작된다. 우리 지역 동식물을 탐색하는 일에서 시작한다. 그러나 지식은 반쪽일 뿐이다. 행동이 따라야 효과가 있다! 우리는 나무를 심고, 발코니에 꽃밭을 만들고, 플라스틱을 줄일 기회가 매일 있다. 잔디 깎는 로봇에 돈을 쓰는 대신, 관목으로 자연 울타리를 만들거나 연못을 팔 수 있다. 유기농 식료품을 살 수 있다. 또는 한 걸음 더 나아가, 스스로 텃밭을 일구며 생명의 순환에 더 가까이 갈 수 있다. 탁월한 음식인 데다차나 연고 형태로 몇몇 질병을 완화할 수 있는 토착 식물이 무척 많다. 더불어 우리는 동식물과 함께하며 우리 자신의 개성과 아름다움을 이해한다. 나는 매일 다음과 같은 질문을 하는데, 그러면 내 삶을설계하는 데 도움이 된다. 행복하고 평화롭게 살기 위해 나는 무엇을할 수 있나? 나의 재능은 무엇일까? 나아가 이 재능을 어떻게 발달시켜야 하고, 다른 생명체도 모두 행복하고 평화롭게 살 수 있도록 하려면 어떻게 해야 할까? 우리는 자신이 어떤 '동물'이고 행복하려면이떤 조건을 채워야 하는지 알아야 한다. **행복한 사람은 다른 생명체를 괴롭히는 일에 관심이 없기 때문이다.**

자기만의 놀이터를 찾아라

"자연을 거스르는 것은 오래 존속하지 못한다."
– 찰스 다윈

내 남편 에리스 펠머스는 새로운 도시로 이사한다고 해서 반드시 적합성이 하향 곡선을 그리지는 않는다는 점을 보여주는 사례다. 그는 캐나다에서 태어나 인생 대부분을 온타리오에서 보냈다.

나는 베를린의 한 아이리시펍에서 에리스를 처음 만났다. 그는 2010년 조상의 발자취를 찾아 토론토에서 독일 수도 베를린으로 왔다. 베를린에는 그의 할머니가 살았었다. 그는 원래 딱 1년만 머물 생각이었는데, 베를린이 맘에 쏙 들어버렸다. 그래서 독일어를 배우고, 스마트 홈 서비스 회사에 보수가 무척 좋은 프로그래머로 취직했다. 이곳에 온 지는 이제 벌써 10년이 넘었다.

내가 에리스에게 던진 첫 번째 질문은 캐나다처럼 아름다운 나라를 왜 떠났느냐는 거였다. 그는 웃었고 걸핏하면 그런 질문을 들었다고 했다. 독일인한테는 그의 이주가 상상하기 어려운 일이다. 그가 캐나다를 떠난 이유를 얘기하면 사람들은 더욱 놀란다.

"인생이 다 그렇듯이, 처음 보면 뭐든 실제보다 멋있기 마련이죠. 물론 숲이 끝없이 펼쳐진 캐나다 북부가 그립긴 해요. 하지만 캐나다에서 나는 대다수 북아메리카 사람들처럼 대도시에 묶여 살았어요." 그때 에리스는 내게 이렇게 설명했다.

토론토가 북아메리카에서 네 번째로 큰 도시라는 사실을 아는 사람은 많지 않다. 북아메리카대륙에서 토론토보다 주민 수가 많은 도시는 멕시코시티, 로스앤젤레스, 뉴욕 세 곳뿐이다. 아름다운 캐나다 야생은 평범한 도시인의 일상에 속하지 않는다. 교통량에 따라 차이는 있겠지만, 캐나다 깊은 숲에서 시간을 보내려면 차로 몇 시간을 가야 한다.

에리스가 캐나다를 떠나 베를린으로 온 중요한 이유는 세 가지다. 그의 말대로 그의 적합성을 위해 필요했던 중요한 세 가지 자원.

가장 중요한 이유는 복수국적이었다. "나는 캐나다 여권도 있고 유럽 시민권도 있어요. 시민권이 있는데도 유럽에서 한동안 살아보지 않는다면 순전히 낭비라는 생각이 들었죠. 시야를 넓히고 제4 외국어를 배우자고 목표를 세웠어요. 아버지 가족은 원래 독일 남부 출신이에요. 할머니는 1950년대에 노래와 춤을 향한 열정을 안고 베를린으로 오셨죠. 나는 할머니가 사셨던 곳을 보고 싶었어요. 가족 역사에 관심이 많았거든요." 조상이 살았던 곳에 마음이 이끌린 사람은 에리스만이 아닐 터다.

두 번째 이유는 교육이었다. "독일에서 화학을 공부할 기회에 매료되었어요. 캐나다는 학비가 터무니없이 비싸거든요. 캐나다에서 대학을 다닌 친구들은 대부분 두 가지 공통점이 있어요. 하나는 빚더미에 앉았다는 거고 또 하나는 그 빚을 갚기 위해 쥐꼬리만 한 보수를 받고 하루 여덟 시간씩 힘들게 일한다는 거죠. 교육에 투자할 생각이라면 캐나다는 적합한 곳이 아니라는 걸 분명히 깨달았죠."

세 번째 이유는 음악이었다. "어릴 적부터 드럼과 기타를 쳤어요. 해마다 몇 달씩 여러 밴드와 함께 공연을 다녔죠. 개인 연습실도 있었고 그곳에서 살다시피한 적도 있어요. 베를린이라면 다른 뮤지션들과 네트워크를 형성하기에 좋은 출발점 같았죠. 베를린에 도착해서 빨리 현장에서 일하는 뮤지션들과 사귀게 되길 바랐어요."

모든 생명체는 독특하다

내가 남편과 함께하며 이 책을 집필하는 동안 배운 한 가지가 있다면 그건 모든 생명체가 독특하다는 사실이다. 종마다 요구하는 서식지 조건이 다를뿐더러, 같은 종끼리도 자신에게 맞는 보금자리가 저마다 다르다. 단세포생물, 곰팡이, 식물조차도 지금까지 쌓인 경험에 따라 외부 요구에 대처하는 능력에서 차이를 보인다. 게다가 같은 서식지에서 비슷한 전략을 쓰더라도 저마다 다른 삶을 산다. 인간도 마찬가지다. 우리는 저마다 필요한 자원이 다르다. 우리에게 스트레스를 주고 도전해 오는 조건 안에서 우리는 성장할 수 있다. 그러므로 당신이 어떤 '동물'인지 알아내라. 당신에게 필요한 서식지 조건이 무엇이고 최적의 장소가 어디인지 알아내라.

그렇다면 우리가 무엇을 좋아하고 무엇이 필요한지 어떻게 알 수 있을까? 우리에게 행복감을 선사하는 장소를 어떻게 찾아낼까? 그냥 시도해보면 된다! 자연을 모범 삼아 보금자리를 찾을 때 우리의 적합성에 귀를 기울이면 되지 않을까? 눈앞에 순수한 자연을 두고 싶은 사람이라면 분명 스라소니나 눈덧신토끼처럼 도시보다 시골이 더 걸맞을 것이다. 활기차고 분주하게 지내고 싶은 사람은 틀림없이 대도시에서 더 행복할 것이다. 당신의 수행 능력에 도움이 되는 요인을 알아내라. 어디에서 무슨 일을 하면 당신이 문자 그대로 활짝 피어나는가?

이런 시도를 할라치면 때때로 시간이 걸린다. 첫 번째 야생토끼가 프랑크푸르트 도심에 첫발을 들였을 때, 그의 수행 능력은 어땠을까? 새로운 서식지에 적응하는 법을 배울 때까지는 아무래도 힘겨운 시간을 보냈을 터다. 이사를 계획하고 있다면 이사할 곳에서 미리 몇 달쯤 지내며 어떤 느낌인지 확인해봐야 한다. 만일 나처럼 6년이 지났는데도 여전히 잘못된 장소에 와 있다는 느낌이 들면, 더 시간 낭비하지 말고 새로운 곳으로 빨리 떠나는 것이 상책이다. 이때 우리는 각자 어디에 적응해야만 자신의 적합성을 높이고, 어느 정도의 함량 혹은 강도라야 새로운 환경이 독이 되는지 스스로 알아내야 한다.

생명은 새로운 것을 원한다

새로운 것을 발견하고 경험하면 몸이 이른바 행복 호르몬이라 불리는 도파민으로 보상을 준다. 도파민은 신경전달물질로 신경세포끼리 주고받는 소통을 담당한다. 그렇게 우리 보상 체계를 활성화해서 행복감을 만들고, 더불어 장기 목표를 추구하려는 동기를 높인다.

미국 에모리대학교와 베일러의과대학 과학자들은 도파민의 보상 체계를 밝히는 공동 연구를 진행했다. 연구자들은 실험 지원자 25명의 입에 청량음료를 직접 주입하며 청량음료를 주입한다고 미리 얘기하기도 하고, 어떤 땐 예기치 않은 순간에 느닷없이 주입하기도 했다. 심리학자 그레고리 번스와 리드 몬터규가 이 연구를 주도했는데, 실험이 진행되는 동안 자기공명 단층 촬영기, MRI를 이용해 지원자들의 뇌 활성도를 관찰했다. 그 결과, 탄산수나 오렌지 주스 같은 청량음료를 갑자기 제공했을 때 MRI에서 뇌 보상 센터가 특히 높은 활성도를 보였다.

이 연구가 있기 전까지는 사람이 좋아하는 일에만 뇌 보상 센터가 반응한다는 가설이 일반적이었다. 그런데 기습 효과가 보상 센터의 활성화에 훨씬 더 중요한 모양이다. 예상보다 좋은 경험을 하게 되면, 뇌 깊숙한 영역에서 신호를 보내어 도파민이 분비된다. 그러면 도파민이 현재 상황을 빠르게 저장해서 미래에도 긍정적인 감정을 누릴 수 있게끔 돕는다. 유아들에게 자기 세계를 탐험하고 매일 새로운 것을 경험하도록 동기를 불어넣는 물질 역시 도파민이다.

사람들이 이야기를 즐겨 읽고 듣는 까닭도 어쩌면 이런 기습 효과 때문일 것이다. 주인공이 익숙한 세계를 떠나면 항상 모험이 시작된다. 그들은 한 번도 가보지 않은 길을 간다. 그 길에는 적이 도사리고 시련이 기다린다. 모두를 굴복하게 만드는 절대반지를 파괴해야하는, 불가능해 보이는 임무가 호빗 빌보 배긴스에게 던져진다면 그누가 흥분하지 않을 수 있을까? 헨젤과 그레텔이 숲에서 길을 잃고늙은 마녀의 손아귀에 걸려든다면 손에 땀을 쥘 수밖에 없다. 우리는다른 사람들이 상황에 어떻게 대처해서 큰 어려움을 이겨내는지 알고 싶어 한다. 그들이 어떻게 문제를 해결하고, 장애를 극복하고, 불가능한 일을 가능하게 만드는지 알려고 한다. 그리고 모든 일이 순조롭게 진행되면 마지막에 큰 보상으로 황금 덩어리가 기다리고 있다.

내게는 이 책이 황금 덩어리다. 이 책으로 큰돈을 벌고자 해서가 아니라, 내 '모험 여행'에서 얻은 경험을 이 책에서 공유할 수 있기때문이다. 그렇게 보면, 내가 프랑크푸르트에 발을 내디딘 순간이 미지의 세계로 떠나는 모험의 시작이기도 했다. 나는 박사과정에서 무엇이 나를 기다리는지, 이 도시에서 내가 어떻게 지내게 될지 전혀 알지 못했다. 하물며 좋은 스트레스와 나쁜 스트레스가 따로 있지 않다는 최고의 증거가 바로 나다. 프랑크푸르트의 디스트레스는 결국 유스트레스로 바뀌었다.

스트레스, 진화의 모터

발견의 기쁨과 모험심 말고도 적응력 또한 인생에서 올바른 장소를 찾아내는 데 중요한 요소다. 당신이 설령 식물처럼 한 장소에 머물기를 더 좋아하더라도, 끊임없이 적응하고 계속 발전할 수 있다. 심지어 그렇게 해야만 한다. 당신의 주변 세계는 결코 멈춰 있지 않기 때문이다. 이미 기원전 500년경에 그리스 철학자 헤라클레이토스가 파악했다시피, 우리가 믿을 수 있는 건 오직 모든 것이 항상 변한다는 사실뿐이다. 기어서만 움직일 수 있는 애벌레가 불과 몇 주 만에 날아다니는 나비가 된다. 자연은 서식지의 요구가 하루, 한 달, 일 년 안에 어떻게 변화할 수 있는지 보여준다.

나는 벌써 수년 넘게 생물학자로 일하며 매일 자연을 다루지만, 생명체의 놀라운 스트레스 반응과 적응 능력에 지금도 새록새록 놀란다. 달팽이나 식물처럼 언뜻 단순해 보이는 유기체도 스트레스에 매우 창의적으로 반응하며 적합성을 회복한다. 그리고 우리 인간은 단순히 그 주변이 아닌 한복판에 있다. 우리는 주변의 다른 생명체와 별개가 아니며, 여러 면에서 우리 생각보다 훨씬 그들과 비슷하다. 자연이 '치밀하게 처리하고' 적응하듯이, 우리도 더 가볍게 삶을 마주할 수 있고 스트레스를 변화의 길잡이로 이해할 수 있다. 스트레스는 진화의 모터다. 진화란 바로 생명이 스스로 발전한다는 뜻이다.

스트레스 없는 삶은 불가능하다. 삶이 어디로 흐르든, 언제나 뭔가 있기 때문이다. 당신의 수행 능력도 줄곧 내외적 스트레스 요인 때문에 떨어질 수밖에 없다. 방금 닦은 유리창에 새똥이 떨어지면 화가 치밀 수 있다. 그러나 당신은 언제든지 걸레로 창문을 다시 깨끗하게 닦을 수 있다. 내 생각에는 마음이 편안한 장소에 머무는 것이야말로 새로운 스트레스 요인에 잘 대처하고 그 안에서 성장할 수 있는 최고의 전제 조건인 것 같다. 그래야 삶이 계속된다.

앞으로 몇 주 동안 당신이 어떤 기분으로 사는지 관심을 기울여보기 바란다. 혹시 다른 곳에서 다른 삶을 꿈꾸는가? 잘못된 장소에 와 있는 기분이 들고 주변의 특정 환경에 거부감이 생기는가? 당신의 적합성을 높일 수 있는 장소를 알아내기 위해 당신이 좋아하는 것들을 적어보라. 기분이 좋아지려면 산이나 강이나 중세 시대 건물이 필요한가? 아니면 넓은 공원, 인상 깊은 스카이라인과 쇼핑몰이 필요한가? 정말로 편안하려면 주변 환경이 어때야 할지 상상해보라! 코끼리처럼 우선순위를 정하고, 비늘송이버섯처럼 도움을 구하고, 담배풀처럼 창의성을 발휘해서 당신 삶을 스스로 책임져라. 당신이 어떤 유형의 동물인지는 당신이 가장 잘 안다.

○

자연의 모든 것은 각자 자기 자리가 따로 있다. 그리고 당신이 당신 자리를 찾아내는 데 스트레스가 도움이 될 수 있다.

감사의 말

내 인생에 깨달음의 시간을 선사한 프랑크푸르트와 그곳 야생토끼에게 감사하다. 지금의 내가 있는 건 오식 이 시설의 성험 넉분이다.

편집자 멜라니 나우만에게 특별한 감사를 전한다. 그가 없었다면 나는 '빅 아이디어' 책에 담긴 시련과 고난에 절망하고 말았을 것이다. 벽만 더듬고 있을 때 그가 내게 해머를 건네주었다. 나무판자를 잔뜩 들고 무작정 뛰어다닐 때, 그는 내게 이미 닥친 지 오래인 집필 중지를 지시했다. 멜라니, 정말 고마워요. 당신이 없었더라면 나는 정말로 미로에 갇히고 말았을 거예요.

미로 얘기가 나와서 말인데, 우선 루디 분스트러, 랜돌프 네스, 마인 홍 응우옌, 나디네 슈베르트, 악셀 자이데만, 브렌다 슈트로마이어 등이 보태준 전문 지식 덕분에 나는 스트레스, 그리고 잘못된 장소에 와 있는 듯한 기분이 무엇인지를 깊이 이해할 수 있었다.

○

나와 내 책을 위해 시간을 내 인터뷰에 응해준 모든 이에게 감사드린다.

당연히, 프랑크푸르트 괴테대학교 브루노 슈트라이트 교수의 예전 연구진과, 도움을 준 수많은 대학생에게도 감사하다. 프랑크푸르트를 싫어한 것이 사실이지만 이곳에서 좋은 순간도 많이 누렸다. 토론토의 루디 분스트러 연구진에게도 감사드린다.

내 원고를 끈기 있게 교정해준 안나 프람, 베른트 헤르만, 하네스 레르프, 카타리나 슈톨드라이어, 스베아 로게에게 감사하다. 그들 덕분에 내 원고에서 어디가 과하고 부족한지 알 수 있었다.

기운을 불어넣어준 위보네 보어, 슈테판 크리스트, 크리스티아네 융퍼휘브너, 토머스 레데츠키, 카롤리네 링, 마리야 루메노비치 그리고 나의 부모님 하이데로제 지게와 볼프강 지게에게 감사드린다. 스트레스에 관한 책을 쓰는 일이 그토록 스트레스가 될지 정말 생각지도 못했다.

나의 깊은 사랑과 감사를 남편 에리스 펠머스와 네 발 달린 나의 충실한 반려묘 아르비트와 피오나에게 바친다.

끝으로 내 책을 읽어준 당신에게 진심으로 감사하고 이 책으로 당신 삶이 더 풍요로워지기를 바란다. 내 책을 읽고 나서 뭔가 긍정적인 변화가 생기기를 바란다. 정말로 그렇게 된다면, 내게 알려주고 어떤 변화인지도 얘기해주길 바란다. www.madlenziege.com에 들어오면 언제든지 메시지를 남길 수 있다.

참고문헌

서장

del Giudice M, Buck CL, Chaby LE, Gormally BM, Taff CC, Thawley C J, Vitousek MN & Wada H (2018). "What is stress? A systems perspective". In: Integrative and Comparative Biology, 58(6): 1019-1032.

Frank S (2012). "Eigenlogik der Städte". In: F Eckardt (Ed.), Handbuch Stadtsoziologie (pp. 289-309). VS Verlag für Sozialwissenschaften.

Harris BN (2020). "Stress hypothesis overload: 131 hypotheses exploring the role of stress in tradeoffs, transitions, and health." In: General and Comparative Endocrinology, 288, 113355.

Holst v. D (1998). "The concept of stress and its relevance for animal behavior". In: Advances in the study of behavior (USA), 27:1-131.

Levine S (1985). "A Definition of Stress?" In: Animal stress (pp. 51-69). Springer, New York.

Loriaux DL (2008). "Hans Hugo Bruno Selye (1907-1982)". In: Endocrino logist, 18(2):53-54.

Mildner T (1973). "From pathos to ponos". In: Medizinische Klinik, 68(21):716-719.

Nesse RM, Bhatnagar S & Ellis B (2016). "Evolutionary origins and functions of the stress response system". In: Stress: Concepts, Cognition, Emotion, and Behavior: Handbook of Stress, 1:95-101.

Nicolaides NC, Kyratzi E, Lamprokostopoulou A, Chrousos GP & Charmandari E (2014). "Stress, the stress system and the role of glucocorticoids". In: Neuroimmunomodulation, 22(1-2):6-19.

Petticrew MP & Lee K (2011). "The 'father of stress' meets 'big tobacco': Hans Selye and the tobacco industry". In: American Journal of Public Health, 101(3):411-418.

Robinson AM (2018). "Let's talk about stress: History of stress research". In: Review of General Psychology, 22(3):334-342.

Selye H (1956). The stress of life. Mc Graw Hill, New York, 516.

Szabo S, Tache Y & Somogyi A (2012). "The legacy of Hans Selye and the origins of stress research: A retrospective 75 years after his landmark brief " letter" to the Editor of Nature". In: Stress, 15(5):472-478.

Tan SY & Yip A (2018). "Hans Selye (1907-1982): Founder of the stress theory". In: Singapore Medical Journal, 59(4):170.

Whitrow M (1990). "Wagner-Jauregg and fever therapy". In: Medical History, 34(3):294-310.

1장

Adamo SA & Baker JL (2011). "Conserved features of chronic stress across phyla: The effects of long-term stress on behavior and the concentration of the neurohormone octopamine in the cricket". In: *Gryllus texensis. Hormones and Behavior, 60*(5):478–483.

Bienertova-Vasku J, Lenart P & Scheringer M (2020). "Eustress and distress: neither good nor bad, but rather the same?" In: *BioEssays, 42*(7):1900238.

Brown TM & Fee E (2002). "Walter Bradford Cannon: pioneer physiologist of human emotions". In: *American Journal of Public Health, 92*(10):1594–1595.

Cannon WB (1932). *The wisdom of the body* (2nd ed.). Norton & Co.

Cardoso C, Ellenbogen MA, Serravalle L & Linne A-M (2013). "Stress-induced negative mood moderates the relation between oxytocin administration and trust: evidence for the tend-and-befriend response to stress?" In: *Psychoneuroendocrinology, 38*(11):2800–2804.

Dobzhansky T (1973). "Nothing in biology makes sense except in the light of evolution". In: *The American Biology Teacher*, 155–ff.

Fink G (2016). "Stress, definitions, mechanisms, and effects outlined: Lessons from anxiety". In *Stress: Concepts, Cognition, Emotion, and Behavior* (pp. 3–11). Academic Press.

Fink G (2016). "Eighty years of stress". In: *Nature, 539*(7628):175–176.

Fink G (2017). "Stress: Definition and history". In: *Encyclopedia of Neuro science* (pp. 549–555).

Hlay JK, Johnson BN & Levy KN (2022). "Attachment security predicts tend-and-befriend behaviors: A Replication". In: *Evolutionary Behavioral Sciences. Advance online publication*. https://psycnet.apa.org/doiLanding?doi=10.1037 %2Febs0000284.

Kontopoulou TD & Marketos SG (2002). "HOMEOSTASIS The ancient greek origin of a modern scientific principle". In: *Hormones, 1*(2):124–125.

Kupriyanov R v, Sholokhov MA, Kupriyanov R & Zhdanov R (2014). "The eustress concept: Problems and outlooks". In: *World Journal of Medical Sciences, 11*(2):179–185.

Larson DJ, Middle L, Vu H, Zhang W, Serianni AS, Duman J & Barnes BM (2014). "Wood frog adaptations to overwintering in Alaska: New limits to freezing tolerance". In: *Journal of Experimental Biology, 217*(12):2193–2200.

MacDougall-Shackleton SA, Bonier F, Romero LM & Moore IT (2019). "Glucocorticoids and "Stress" are not synonymous". In: *Integrative Organismal Biology, 1*(1):obz017.

McCarty R & Pacak K (2000). "Alarm phase and general adaptation syndrome". In: *Encyclopedia of Stress, 1*:126–130.

McEwen BS. (2005). "Stressed or stressed out: what is the difference?" In: *Journal of Psychiatry and Neuroscience, 30*(5):315–318.

Nesse RM, Bhatnagar S & Ellis B (2016). "Evolutionary origins and functions of the stress response system". In: *Stress: Concepts, Cognition, Emotion, and Behavior: Handbook of Stress, 1*:95–101.

O'Connor EA, Pottinger TG & Sneddon LU (2011). "The effects of acute and chronic hypoxia on cortisol, glucose and lactate concentrations in different populations of three-spined stickleback". In: *Fish Physiology and Biochemistry, 37*(3):461−469.

Selye H (1976). "Stress without Distress". In: *Psychopathology of Human Adaptation* (pp. 137−146). Springer.

Sterling P, Eyer J, Fisher S & Reason J (1988). "Allostasis: a new paradigm to explain arousal pathology". In: *Handbook of life stress, cognition and health* (pp.629−649).

Tan SY & Yip A (2018). "Hans Selye (1907−1982): "Founder of the stress theory". In: *Singapore Medical Journal, 59*(4):170.

Taylor SE (2012). "Tend and befriend theory". In: *Handbook of Theories of Social Psychology, 1*:32−49.

Viner R (1999). "Hans Selye and the making of stress theory". In: *Social Studies of Science, 29*(3):391−410.

Whitrow M (1990). "Wagner−Jauregg and fever therapy". In: *Medical History, 34*(3):294−310.

Wingfield JC & Kitaysky AS (2002). "Endocrine responses to unpredictable environmental events: stress or anti−stress hormones?" In: *Integrative and Comparative Biology, 42*(3):600−609.

Yousef MK (1988). "Animal stress and straIn: Definition and measurements". In: *Applied Animal Behaviour Science, 20*(1−2):119−126.

Ziege M, Babitsch D, Brix M, Kriesten S, Seidemann A, Wenninger S & Plath M (2013). "Anpassungsfähigkeit des Europäischen Wildkaninchens entlang eines rural−urbanen Gradienten". In: *Beiträge Zur Jagd- und Wildtierforschung, 38*:189−199.

2장

Aronson MFJ, la Sorte FA, Nilon CH, Katti M, Goddard MA, Lepczyk CA, Warren PS, Williams NS, Cilliers S, Clarkson B & Dobbs C (2014). "A global analysis of the impacts of urbanization on bird and plant diversity reveals key anthropogenic drivers". In: *Proceedings of the Royal Society B: Biological Sciences, 281*(1780):20133330.

Bekoff M (2000). "Animal Emotions: Exploring Passionate Natures Current interdisciplinary research provides compelling evidence that many animals experience such emotions as joy, fear, love, despair, and grief—we are not alone". In: *BioScience, 50*(10):861−870.

Bijlsma R & Loeschcke V (2005). "Environmental stress, adaptation and evolution: An overview. In: *Journal of Evolutionary Biology, 18*(4):744−749.

Brusca RC & Gilligan MR (1983). "Tongue replacement in a marine fish(Lutjanus guttatus) by a parasitic isopod (Crustacea : Isopoda)". In: *Copeia, 1983*(3):813−816.

Davies KJA (2016). "Adaptive homeostasis". In: *Molecular Aspects of Medicine, 49*:1−7.

Goodall J (1990). *Through a window*. Houghton Mifflin. (pp. 196−197).

Ives CD, Lentini PE, Threlfall CG, Ikin K, Shanahan DF, Garrard GE, Bekessy SA, Fuller

RA, Mumaw L, Rayner L & Rowe R (2016). "Cities are hotspots for threatened species". In: *Global Ecology and Biogeography, 25*(1):117−126.

Jiménez−Herrera MF, Llauradó−Serra M, Acebedo−Urdiales S, Bazo−Hernández L, Font−Jiménez I & Axelsson C (2020). "Emotions and feelings in critical and emergency caring situations : A qualitative study". In: *BMC Nursing, 19*(1):1−10.

Lorenz KZ (1991). *Here I Am-Where Are You? Vol.* Harcourt Brace Jovanovich (p. 251).

Nicolaides NC, Kyratzi E, Lamprokostopoulou A, Chrousos GP & Charmandari E (2014). "Stress, the stress system and the role of glucocorticoids". In: *Neuroimmunomodulation, 22*(1−2):6−19.

Ortony A (2021). "Are all "basic emotions" emotions? A problem for the (basic) emotions construct". In: *Perspectives on Psychological Science, 17*(1):41−61.

Rothermund K, Eder A & Eder A (2011). *Allgemeine Psychologie: Motivation und Emotion.* VS Verlag für Sozialwissenschaften.

Scherer K, Schorr A & Johnstone T (2001). *Appraisal processes in emotion: Theory, methods, research.* Oxford University Press.

Schumann N (2013). *Gefühl und Rationalität: Eine philosophische Untersuchung zur Theorie Antonio Damasios.* Tectum Wissenschaftsverlag.

Sidell BD, Johnston IA, Moerland TS & Goldspink, G. (1983). "The eurythermal myofibrillar protein complex of the mummichog (Fundulus hetero clitus): adaptation to a fluctuating thermal environment". In: *Journal of Comparative Physiology, 153*(2):167−173.

Stroeymeyt N, Grasse A v, Crespi A, Mersch DP, Cremer S & Keller L (2018). "Social network plasticity decreases disease transmission in a eusocial insect". In: *Science, 362*(6417):941−945.

Strohmaier B (2013). *Berlin lernen: Alles ist (un-)möglich. Das Imaginär der deutschen Hauptstadt.* Dissertation. Technische Universität Darmstadt.

Whitrow M (1990). "Wagner−Jauregg and fever therapy". In: *Medical History, 34*(3):294−310.

Williams N (2008). "Thames delight". In: *Current Biology, 18*(9):R361−R362.

3장

Brazier RE, Puttock A, Graham HA, Auster RE, Davies K H & Brown CML (2021). "Beaver: Nature's ecosystem engineers". In: *Wiley Interdisciplinary Reviews: Water, 8*(1):e1494.

Caizergues AE, Grégoire A & Charmantier A (2018). "Urban versus forest ecotypes are not explained by divergent reproductive selection". In: *Proceedings of the Royal Society B: Biological Sciences, 285*(1882):20180261.

Emberts Z, Escalante I & Bateman PW (2019). "The ecology and evolution of autotomy". In: *Biological Reviews, 94*(6):1881−1896.

Gálvez−Bravo L, Belliure J & Rebollo S (2009). "European rabbits as ecosystem engineers :

warrens increase lizard density and diversity". In: *Biodiversity and Conservation 18*(4):869−885.

Gálvez−Bravo L, López−Pintor A, Rebollo S & Gómez−Sal A (2011). "European rabbit(Oryctolagus cuniculus) engineering effects promote plant heterogeneity in Mediterranean dehesa pastures". In: *Journal of Arid Environments, 75*(9):779−786.

Hacker S & Berthes MD (1999). "Experimental evidence for factors maintaining plant species diversity in a New England salt marsh". In: *Ecology, 80*(6):2064−2073.

Hilker M, Schwachtje J, Baier M, Balazadeh S, Bäurle I, Geiselhardt S, Hincha DK, Kunze R, Mueller−Roeber B, Rillig MC, Rolff J, Romeis T, Schmülling T, Steppuhn A, van Dongen J, Whitcomb SJ, Wurst S, Zuther E & Kopka J (2016). "Priming and memory of stress responses in organisms lacking a nervous system". In: *Biological Reviews, 91*(4):1118−1133.

Holtmann B, Santos ESA, Lara CE & Nakagawa S (2017). "Personality−matching habitat choice, rather than behavioural plasticity, is a likely driver of a phenotype−environment covariance". In: *Proceedings of the Royal Society B: Biological Sciences, 284*(1864):20170943.

Iglesias−Carrasco M, Aich U, Jennions MD & Head ML (2020). "Stress in the city: Meta−analysis indicates no overall evidence for stress in urban verte brates". In: *Proceedings of the Royal Society B: Biological Sciences, 287*(1936):20201754.

Klopfer P (1963). "Behavioral aspects of habitat selection: the role of early experience". In: *The Wilson Bulletin, 1*:15−22.

Lämke J & Bäurle I (2017). "Epigenetic and chromatin−based mechanisms in environmental stress adaptation and stress memory in plants". In: *Genome Biology, 18*(1):124.

Łopucki R, Klich D, Ścibior A & Gołębiowska D (2019). "Hormonal adjustments to urban conditions: stress hormone levels in urban and rural populations of Apodemus agrarius". In: *Urban Ecosystems, 22*(3), 435−442.

Martín−Hervás M, Carmona L, Jensen K, Licchelli C, Vitale F & Cervera J (2020). "Description of a new pseudocryptic species of Elysia Risso, 1818 (Heterobranchia, Sacoglossa) in the mediterranean sea". In: *Bulletin of Marine Science, 96*(1):127−144.

Mather JA & Anderson RC (1993). "Personalities of octopuses(Octopus rubescens)". In: *Journal of Comparative Psychology, 107*(3):336−340.

Mitoh S & Yusa Y (2021). "Extreme autotomy and whole−body regeneration in photosynthetic sea slugs". In: *Current Biology, 31*(5):R233−R234.

Møller, AP (2008). "Flight distance of urban birds, predation, and selection for urban life". In: *Behavioral Ecology and Sociobiology, 63*(1):63−75.

Morelli F, Mikula P, Blumstein DT, Diaz M, Marko G, Jokimaki J, Kaisanlahti−Jokimaki M−L, Floigl K, Zeid FA, Siretckaia A & Benedetti Y (2022). "Flight initiation distance and refuge in urban birds". In: *Science of the Total Environment, 842*:156939.

Navarro−Castilla Á, Sánchez−González B & Barja I (2019). "Latrine behaviour and faecal corticosterone metabolites as indicators of habitat−related responses of wild rabbits to predation risk". In: *Ecological Indicators, 97*:175−182

Nielsen SE, Shafer ABA, Boyce MS & Stenhouse GB (2013). "Does, learning or instinct shape habitat selection?" In: *PLOS ONE, 8*(1):e53721.

Rauf M, Arif M, Fisahn J, Xue GP, Balazadeh S & Mueller−Roeber B (2014). "NAC transcription factor speedy hyponastic growth regulates flooding−induced leaf movement in Arabidopsis". In: *The Plant Cell, 25*(12):4941−4955.

Rodewald AD & Gehrt D (2014). "Wildlife population dynamics in urban landscapes". In: *Urban Wildlife Conservation* (pp. 117−147). Springer US.

Seifert AW, Kiama SG, Seifert MG, Goheen JR, Palmer TM & Maden M (2012). "Skin shedding and tissue regeneration in African spiny mice (Acomys)". In: *Nature, 489*(7417):561− 565.

Shimamoto T, Uchida K, Koizumi I, Matsui M & Yanagawa H (2020). "No evidence of physiological stress in an urban animal: Comparison of fecal cortisol metabolites between urban and rural Eurasian red squirrels". In: *Ecological Research, 35*(1):243−251.

Slagsvold T & Wiebe KL (2007). "Learning the ecological niche". In: *Proceedings of the Royal Society B: Biological Sciences, 274*(1606):19−23.

Stanford MM, Werden SJ & McFadden G (2007). "Myxoma virus in the European rabbit: interactions between the virus and its susceptible host". In: *Veterinary Research, 38*(2):299−318.

Walter J, Nagy L, Hein R, Rascher U, Beierkuhnlein C, Willner E & Jentsch A (2011). "Do plants remember drought? Hints towards a drought−memory in grasses". In: *Environmental and Experimental Botany, 71*(1):34−40.

Ziege M, Babitsch D, Brix M, Kriesten S, Seidemann A, Wenninger S & Plath M (2013). "Anpassungsfähigkeit des Europäischen Wildkaninchens entlang eines rural−urbanen Gradienten". In: *Beiträge Zur Jagd- und Wildtierforschung, 38*:189−199.

4장

Bartlewicz J, Vandepitte K, Jacquemyn H & Honnay O (2015). "Population genetic diversity of the clonal self−incompatible herbaceous plant Linaria vulgaris along an urbanization gradient". In: *Biological Journal of the Linnean Society, 116*(3):603−613.

Boonstra R (2013). "Reality as the leading cause of stress: Rethinking the impact of chronic stress in nature". In: *Functional Ecology, 27*(1):11−23.

Burmeister A & Turner P (2020). "Trading−off and trading−up in the world of bacteria−phage evolution". In: *Current Biology, 30*(19):R1120−R1124.

Calabrese EJ (2013). "Low doses of radiation can enhance insect lifespans". In: *Biogerontology, 14*(4):365−381.

Calisi R & Bentley G (2009). "Lab and field experiments: are they the same animal?" In:

Hormones and Behavior, 56(1):1−10.

Chambers JC, Allen CR & Cushman SA (2019). "Operationalizing ecological resilience concepts for managing species and ecosystems at risk". In: *Frontiers in Ecology and Evolution,* 7:241.

Deimling D & Raith, D (2016). "Regionale Resilienz als alternative ökonomische Perspektive nachhaltiger Regionalentwicklung". *Unveröffentlichter Forschungsbericht, Graz.*

Gunderson L (2000). "Ecological resilience—in theory and application". In: *Annual Review of Ecology and Systematics, 31*:425−439.

Hodges K, Krebs C, Hik D, Gillis E & Doyle C (2001). "Snowshoe hare dynamics". C Krebs, S. Boutin & R Boonstra (Eds.), In: *Ecosystem Dynamics of the Boreal Forest* (pp. 141−178), Oxford University Press.

Hodgson D, McDonald JL & Hosken DJ (2015). "What do you mean, 'resilient'." In: *Trends in Ecology & Evolution, 30*(9):503−506.

Holling CS (1973). "Resilience and Stability of Ecological Systems". In: *Annual Review of Ecology and Systematics, 4*(1):1−23.

Jönsson K, Rabbow E, Schill R, Harms−Ringdahl M & Rettberg P (2008). "Tardigrades survive exposure to space in low Earth orbit". In: *Current Biology, 18*(17):R729−R731.

Kitaysky AS, Piatt JF, Hatch SA, Kitaiskaia E, Benowitz−Fredericks ZM, Shultz MT & Wingfield JC (2010). "Food availability and population processes: severity of nutritional stress during reproduction predicts survival of longlived seabirds". In: *Functional Ecology, 24*(3):625−637.

Lourenço A, Álvarez D, Wang I & Velo−Antón G (2017). "Trapped within the city: Integrating demography, time since isolation and population−specific traits to assess the genetic effects of urbanization". In: *Molecular Ecology, 26*(6):1498−1514.

Ludwig D, Walker B & Holling CS (1997). "Sustainability, stability, and resilience". In: *Conservation Ecology, 1*(1):1−27.

Malki A, Teulon JM, Camacho−Zarco AR, Chen S, Wen W, Adamski W, Maurin D, Salvi N, Pellequer JL & Blackledge M (2022). "Intrinsically dis ordered tardigrade proteins self−assemble into fibrous gels in response to environmental stress". In: *Angewandte Chemie International Edition, 61*(1):e202109961.

Mínguez−Toral M, Cuevas−Zuviría B, Garrido−Arandia M & Pacios LF (2020). "A computational structural study on the DNA−protecting role of the tardigrade−unique Dsup protein". In: *Scientific Reports, 10*(1):1−18.

Munshi−South J, Zolnik CP & Harris SE (2016). "Population genomics of the anthropocene: Urbanization is negatively associated with genome−wide variation in white−footed mouse populations". In: *Evolutionary Applications, 9*(4):546−564.

Nelson DR, Bartels PJ & Guil N (2018). "Tardigrade Ecology". In: *Water bears: the biology of tardigrades* (Vol 2, pp. 163–210). Zoological Monographs, Springer, Cham.

Neves R, Hvidepil L, Sørensen–Hygum T, Stuart R & Møbjerg N (2020). "Thermotolerance experiments on active and desiccated states of Ramazzottius varieornatus emphasize that tardigrades are sensitive to high temperatures". In: *Scientific Reports, 10*(1):1–12.

Oke C, Bekessy SA, Frantzeskaki N, Bush J, Fitzsimons JA, Garrard GE, Grenfell M, Harrison L, Hartigan M, Callow D & Cotter B (2021). "Cities should respond to the biodiversity extinction crisis". In: *Npj Urban Sustainability, 1*(1):1–4.

Römer–Büchner B (1827). *Verzeichniss der Steine und Thiere welche in dem Gebiete der freien Stadt Frankfurt ...* JD Sauerländer.

Rodewald AD & Gehrt D (2014). "Wildlife population dynamics in urban landscapes". In: *Urban wildlife conservation* (pp. 117–147). Springer US.

Scheffer, M, Carpenter, S. R, Lenton, T. M, Bascompte, J, Brock, W, Dakos, V, et al. (2012). "Anticipating critical transitions". In: *Science 338*, 334–338. doi: 10.1126/science.1225244.

Selye H (1988). "Stress and urban stress". In: *Ekistics, 55*(331/332):162–167.

Suma H, Prakash S & Eswarappa S (2020). "Naturally occurring fluorescence protects the eutardigrade Paramacrobiotus sp. from ultraviolet radiation". In: *Biology Letters, 16*(10):20200391.

Tittizer T, Fey D, Sommerhäuser M, Málnás K & Andrikovics S (2008). "Versuche zur Wiederansiedlung der Eintagsfliegenart Palingenia longicauda (Olivier) in der Lippe". In: *Lauterbornia, 63*:57–75.

Traspas A & Burchell MJ (2021). "Tardigrade survival limits in high–speed impacts– implications for panspermia and collection of samples from plumes emitted by ice worlds". In: *Astrobiology, 21*(7):845–852.

Walker B, Holling CS, Carpenter SR & Kinzig A (2004). "Resilience, adaptability and transformability in social–ecological systems". In: *Ecology and Society, 9*(2):5.

Weise H, Auge H, Baessler C, Bärlund I, Bennett EM, Berger U, Bohn F, Bonn A, Borchardt D, Brand F, Chatzinotas A, Corstanje R, de Laender F, Dietrich P, Dunker S, Durka W, Fazey I, Groeneveld JE, Guilbaud CS et al. (2020). "Resilience trinity: safeguarding ecosystem functioning and services across three different time horizons and decision contexts". In: *Oikos, 129*(4):445–456.

Wingfield J & Ramenofsky M (2011). "Hormone–behavior interrelationships of birds in response to weather". In: *Advances in the Study of Behavior, 43*:93–188.

Ziege M, Hermann BT, Kriesten S, Merker S, Ullmann W, Streit B, Wenninger S & Plath M (2020). "Ranging behavior of European rabbits(Oryctolagus cuniculus) in urban and suburban landscapes". In: *Mammal Research, 65*(3):607–614.

Ziege M, Theodorou P, Jüngling H, Merker S, Plath M, Streit B & Lerp H (2020). "Population genetics of the European rabbit along a rural–to–urban gradient". In: *Scientific Reports,*

10(1):1−12.

5장

Berns GS, McClure SM, Pagnoni G & Montague PR (2001). "Predictability modulates human brain response to reward". In: *Journal of Neuroscience, 21*(8):2793−2798.

Berry R & López−Martínez G (2020). "A dose of experimental hormesis: When mild stress protects and improves animal performance". In: *Comparative Biochemistry and Physiology Part A: Molecular & Integrative Physiology, 242*:110658.

Blanton B (2005). *Radical honesty: How to transform your life by telling the truth.* Sparrowhawk Press.

Calabrese EJ (2013). "Low doses of radiation can enhance insect lifespans". In: *Biogerontology, 14*(4):365−381.

Chrousos GP, Loriaux DL & Gold PW (1988). *Introduction: The concept of stress and its historical development.* 3−7.

Lindström B & Eriksson M (2006). "Contextualizing salutogenesis and Antonovsky in public health development". In: *Health Promotion International, 21*(3):238−244.

Mao L & Franke J (2013). "Hormesis in aging and neurodegeneration−a prodigy awaiting dissection". In: *International Journal of Molecular Sciences, 14*(7):13109−13128.

Pallant JF & Lae L (2002). "Sense of coherence, well−being, coping and personality factors: Further evaluation of the sense of coherence scale". In: *Personality and Individual Differences, 33*(1):39−48.

숨 쉬는 것들은 어떻게든 진화한다

초판 1쇄 발행 2024년 4월 24일
초판 2쇄 발행 2024년 6월 18일

지은이 마들렌 치게
옮긴이 배명자
펴낸이 유정연

이사 김귀분
책임편집 유리슬아 **기획편집** 신성식 조현주 서옥수 황서연 정유진 **디자인** 안수진 기경란
마케팅 반지영 박중혁 하유정 **제작** 임정호 **경영지원** 박소영

펴낸곳 흐름출판(주) **출판등록** 제313-2003-199호(2003년 5월 28일)
주소 서울시 마포구 월드컵북로5길 48-9(서교동)
전화 (02)325-4944 **팩스** (02)325-4945 **이메일** book@hbooks.co.kr
홈페이지 http://www.hbooks.co.kr **블로그** blog.naver.com/nextwave7
출력·인쇄·제본 (주)상지사 **용지** 월드페이퍼(주) **후가공** (주)이지앤비(특허 제10-1081185호.)

ISBN 978-89-6596-624-1 03470